2	5	6	8	3	7	1	4	9
7	1	9	4	2	5	8	3	6
8	4	3	6	1	9	2	5	7
4	6	7	1	5	8	9	2	3
3	9	2	7	6	4	5	1	8
5	8	1	3	9	2	6	7	4
1	7	8	2	4	6	3	9	5
6	3	5	9	7	1	4	8	2
9	2	4	5	8	3	7	6	1

如数加珍

字丛林的冒险之旅

吴朝阳 编著

江苏人民出版社

图书在版编目（CIP）数据

如数加珍：数字丛林的冒险之旅 / 吴朝阳编著. --
南京：江苏人民出版社，2020.5
ISBN 978 - 7 - 214 - 24164 - 1

Ⅰ.①如… Ⅱ.①吴… Ⅲ.①数学—普及读物 Ⅳ.
①O1 - 49

中国版本图书馆 CIP 数据核字（2019）第 254115 号

书　　　名	如数加珍：数字丛林的冒险之旅	
编　　　著	吴朝阳	
责 任 编 辑	曾　偲	
责 任 校 对	陈俊阳	
装 帧 设 计	许文菲	
责 任 监 制	陈晓明	
出 版 发 行	江苏人民出版社	
出版社地址	南京市湖南路 1 号 A 楼，邮编：210009	
出版社网址	http://www.jspph.com	
照　　　排	江苏凤凰制版有限公司	
印　　　刷	南京新世纪联盟印务有限公司	
开　　　本	850 毫米×1168 毫米　1/32	
印　　　张	12.5　插页1	
字　　　数	190 千字	
版　　　次	2020 年 5 月第 1 版　2020 年 5 月第 1 次印刷	
书　　　号	ISBN 978 - 7 - 214 - 24164 - 1	
定　　　价	45.00 元	

（江苏人民出版社图书凡印装错误可向承印厂调换）

目 录

第 1 章

数的开场白

在蛮荒时代,世界上是没有数字的。有人说数字也许本来就有,只是我们的祖先不知道它们的存在罢了。数字到底是自然存在、本来就有的?还是被人类创造出来的?这,是一个值得探讨的问题。然而我觉得,我们应该把这个问题留给哲学家们去思考,数学史的专家们能肯定的只是——人类文明中,数数这个能力来得比较迟。

19 世纪曾经有学者声称某些动物可以数到"5",这后来被证明是错误的。其实,连早期的人类都没有数到"5"的能力。在一百年前的一些与世隔绝的原始部落里,人们甚至还把多于"3"的数量简单地称作"许多"。

假如我们的世界只有三种数字——"没有""少量""大量",那需要背口诀表的学生们简直要欢天喜地了,因为所有加法只能归为以下几种:

没有＋没有＝没有

没有＋少量＝少量

少量＋少量＝？

没有＋大量＝大量

少量＋大量＝大量

大量＋大量＝大量

但是,这种设计不仅有问题,而且问题还不小:上面公式中的问号揭示了一个难点——当"少量"加上"少量"时,什么时候会"量变产生质变",从"少量"变成"大量"? 类似的困惑催生了计数这门学问,而如何从"没有""少量""大量"演变为"1""2""3"等等,则更是个漫长的过程。毕竟,数字不是史前少数有学问的祭师在几天时间里就可以琢磨出来的。

古印度人喜欢谈论巨大的数字

古印度人喜欢谈论非常非常大的数字,例如在《华严经》中,梵语"俱胝"指一亿(10^8),一俱胝的俱胝叫作"阿庾多"(10^{16}),一阿庾多的阿庾多叫作一"那由他"(10^{32})……

我们摘取《华严经》的一段,让读者看看古印度人谈论多大的数字:"……或刹那入,或须臾入,或相续入,或日初分时入,或日中分时入,或日后分时入,或夜初分时入,或夜中分时入,或夜后分时入,或一日入,或五日入,或半月入,或一月入,或一年入,或百年入,或千年入,或百千年入,或亿年入,或百千亿年入,或<u>百千那由他亿年</u>入,或一劫入,或百劫入,或百千劫入,或<u>百千那由他亿劫</u>入,或无数劫入,或无量劫入,或无边劫入,或无等劫入,或不可数劫入,或不可称劫入,或不可思劫入,或不可量劫入,或不可说劫入,或不可说不可说劫入……"

我们当然知道,人类后来还是琢磨出了计数的学问。然而,如何"计数"是一码事,如何"记数"又是另一码事。古人记数的方式,是经过不断的发展而完善的。

来讲一件我小学低年级时候的故事,它实在让我太震

撼,以至于现在的记忆还相当清晰:

    数学老师做多位数记数的课堂小测验,要求我们写下他说的多位数。他念道:三百二十一,一千七百五十六,如此等等。在老师发下他批改的小测结果后,我同桌的小玲当场号啕大哭!我伸头一看,发现小玲写的是300 201,1 000 700 506,等等,而每个答案上面都有一个当然的大红叉叉!

    很显然,那时的小玲没有十位、百位等"数位"的概念,所以她才把老师说的数写成那个样子。有趣的是,小玲的写法和古罗马人有些相像。古罗马人同样没有数位的概念,他们的记数方式甚至比小玲的还笨拙。

    古罗马人用"I""V""X""L""C""D""M"分别表示"1""5""10""50""100""500""1 000"。因此,上述321和1 756这两个数字,古罗马人分别写成"CCCXXI"和"MDCCLVI"!这完全就是把"C""X"等固定字母所表示的数加在一起的方式,很烦琐、很笨拙,是不是?

    不过,罗马人有一点比较有意思,他们其实不完全用加

法表示数,他们也用减法。例如,"9"这个数固然可以写成
"VIIII",但罗马人一般把它写成"IX"——把"I"写在"X"的
左边,表示"X"减去"I"所得的数目。同样的道理,1 979一
般写成"MCMLXXIX":最左边的"M"表示一千,接着的
"CM"是一千减去一百,"LXX"是七十,而"IX"则表示九。
这里我们看到了罗马人的小聪明,但他们的记数方法终究
还是太笨拙了。

古代文明中数的进位制

　　古代文明中,古埃及、古印度以及中华文明都采用十
进制,而两河文明则采用六十进制。

　　"两河文明"指的是在底格里斯河与幼发拉底河之间
的"新月形"地带,即美索不达米亚地区的古文明。考古发掘
出来的距今5 000多年的泥板,向我们透露了这个文明的数
学知识。有著名学者认为,两河文明的六十进制是因为使用
五进制的族群和使用十二进制的族群融合而产生的。

　　证据表明,古人类使用的进位制都与人体的构造密
切相关,五进制和十进制与手指数目的关系是一目了然
的,而十二进制其实也与我人类的手掌紧密相关。

印度—阿拉伯数字

我们现在使用的 1, 2, 3 等所谓的"阿拉伯数字",其实是古印度人发明的。它们在中世纪被阿拉伯人传播到西方,因此被称为"阿拉伯数字"。事实上,它们应该称为"印度—阿拉伯数字"。

古印度人的数字本来是从右向左写的,与现在的顺序相反。后来因为造成的混乱太多,才逐渐过渡至现在的顺序。

罗马记数系统中的数字是用一系列特殊字符表示的,"5""10""50""100""500"都有特殊的记号。这些记号只是约定的记号而已,没有逻辑没有理由。此外,罗马人没有使用"零"这个符号,这是一个很重大的缺失。

零的重要性不在于它的存在,而在于它的使用。由于罗马计数系统中没有零,所以"V"与"L"是两个没有联系的记数符号。而在我们现在使用的阿拉伯数字系统里，5 与 50 是有联系的——事实上它们的区别只在于"零"出现的位置。在这种记数系统中，"零"是一个重要的"占位"符号。

小玲所写的"300"，与"3"的差别是右边多了两个零。我们说"0"是占位符号，这里的两个"0"把"300"这个数里面的"3"向左挤了两个位置，所以它成了一个"百位数"。同样一个"3"，写在一个数里的不同位置，所表示的数目不一样。这样一来，记数的符号就整齐而简单多了，这是"数位"的妙用之一。

依照"数位"的用法来记数，在"321"这个数里，"1"在右起第一位即"个位"，所以它表示"1"；"2"在右起第二位即"十位"，所以它表示"20"；"3"在百位，所以表示"300"。因此，整个数表示的就是"三百二十一"。如果小玲懂得数位记数法的意思，她就不会在小测验里错误地写了那么多的"0"，然后面对一堆大红叉叉号嚎大哭了。

"数位"的妙处不仅在于记数，它同样大大地便利了数的运算。我们做加减乘除都觉得很容易，就是使用数位计数法的结果。罗马计数方法没有这样的便利，罗马记号下的乘法计算根本就没有简单的办法。无论如何设计罗马计数系统的乘法计算方式，它的算法都是复杂且困难的。对绝大多数罗马人而言，如果他们计算乘积的话，很可能是通过不断重复相加做到的。

罗马数的加法倒不是很困难，事实上和咱们的系统大致相当。首先，将所有的数都改写成没有减法的形式。例如 49 这个数，为了做加法，应该由 XLIX 改写成 XXXXVIIII。接下来唯一需要做的，就是把字符们放到合适的列上，再注意进位问题就可以了：

XXXX	VIIII		49
CL	X	II	162
CC	X	I	211

。

中国古人计算时使用算筹，即小竹棍或小木棍。他们把算筹放在有形或无形的格子里，不同格子里的算筹表示的数目不同。例如，右起第一格里（横）放三根算筹表示"3"，而放在右起第三格时则表示"300"。在记录数字的时候,中国古人也模拟算筹的图形来记录。可以说,中国古人在计数与记数时都使用数位记数法。

为了快速分辨数位,古人交替使用横置与竖置算筹的方式表示数字,例如右起第一位的"3"用三表示,而右起第二位的"3"(即 30)则用Ⅲ表示。此外,古人还用与小于五的数字方向垂直的一根算筹表示"5",使得大于五的数字表示不至于太复杂。例如,7 036 这个数古人记成

$$\text{Ⅱ} \quad \text{Ⅲ} \bot \, ,$$

例子中空的(隐形的)格子表示百位数是零,可见中国古人是有"零"的概念的。当然,由于"零"没有专门的记号,有些时候还是会造成不方便。

顺便说一句,最迟在汉代,中国古人就已经使用红黑两种颜色的算筹,用红色算筹表示负数。也就是说,在古代中国负数概念的出现及其在计算中的运用都相当早。

中国的算筹

古代中国计算中常用算筹表示数字。算筹的摆放分为横式和竖式,竖式用"竖"表示 1 而用"横"表示 5;横式则用"横"表示 1 而用"竖"表示 5。例如,下图中表示的是 2 086。

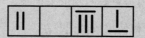

古人也用算筹式符号表示数字,上述 2 086 用符号书写,就是: 。

毫无疑问,如今我们都能够熟练地作乘法运算。然而,在当前的数字系统中,乘积的本质是什么呢？这点也许我们中的很多人都没有思考过。

我们来考察 207 乘以 35。我们不直接作数的乘法,而是先考虑两个代数式的乘积:

$$(2x^2+7)\times(3x+5)=6x^3+10x^2+21x+35。$$

将 $x=10$ 代入以上的右式,你会发现,你已经用代数的方式计算出了 207×35 的结果。这其中的道理是,207 所表达的数值就等于

$$2\times10^2+0\times10^1+7+10^0,$$

这个式子中 10^0 的数值等于 1，这想想同底数幂相除的运算就可以明白。

数字中的"0"是重要的，207 中的"0"占据了数字中的"十位"，使得 207 区别于 27。一次多项式一般按变元的次方数从高到低的次序写成一个和式，这与我们的记数方法一样，只不过一元多项式中"占位"的是变元的次方。$2x^2+7$ 与 $2x^2+0x+7$ 表示相同的多项式，$0x$ 这种等于零的项通常可以不写，正如算筹表达式里的空格子一样。总之，我们的十进制数字系统实际上是一元多项式中以 10 取代变元所得表达式的简化记录形式。

我们的算术以十进制为基础，因此数值 10 对于我们是特别到可以说是"神圣"的一个数字。那么，10 为什么显得"神圣"呢？事实上，它只是我们所选择的特殊数值，而其根源只不过是因为人类有十根手指，早期人类"掰手指"计数的历史使得 10 成为算术乃至数学中"神圣"的数目。然而，代数式对变元 x 是正确的，无论它被选择用 10 还是其他数值替代，其正确性不会改变。因此，理论上我们可以不用 10 而使用 12 或 16 等其他数值，进而使用十二进制、十六进制等进位制。

事实上,人类历史上出现过十二进制、十六进制、二十进制、六十进制等多种与十进制不同的进位制,它们中有些现在还在人类的日常生活中使用,例如 1 英尺等于 12 英寸,1 磅等于 16 盎司,1 小时等于 60 分钟,等等。

历史上的进位制在人类语言中也留有痕迹。英语不仅有 dozen(中文译为"打")这样表示十二的单词,"eleven""twelve"与"thirteen""fourteen"等的拼写区别也是十二进制的明显痕迹。法语更有意思,它的数字词汇中存在着十六进制、二十进制以及六十进制的痕迹。例如,法语的十一到十六依次是 onze,douze,treize,quatorze,quinze,seize,而十七至十九则为 dix-sept,dix-huit,dix-neuf,写法的区别昭示着十六进制的历史存在。

法语中数字的表达

在法语中,从 10,20,30 直到 90 的写法依次是:dix,vingt,trente,quarante,cinquante,soixante,soixante-dix,quatre-vingts,quatre-vingt-dix。这里,有两点很值得注意:首先,从 10 到 60 都是一个单词,但 10 和 20 的拼法显然与 30 到 60 属于不同体系;其次,70 写成"60+10",80 却写成"4×20",90 更是写成"4×20+10"!事实上,这些写法是法语中残存的 20 进制和 60 进制的痕迹。

除十进制以外的进位制并非新生事物，但因为二进制计算机的产生，使得它们变得引人注目。

人们认为现代电子计算机几乎可以做任何事情，而事实上它可以说是相当"弱智"。它所能做的是极其基础的：它只是回答诸如某一个给定数是否大于另一个给定数之类的简单问题，而且它的回答只是简单的"是"或"否"。然而，它以极快的速度回答这种问题，然后立即处理下一个简单问题。就这样，计算机按照人类的指令，以无比惊人的速度处理庞大复杂的指令序列。计算机的每个步骤只是回答"是"与"否"，然后把它们正确地组合起来，从而解决复杂的问题。每个"是"由一个"开"信号来完成，而每个"否"则用"关"表示。因此，所有的数值资料都必须被翻译成一系列"开—关"信号，然后再输送给机器。由于这个原因，人们使用"二进制"系统，其"基数"是 2 而不是 10。这是最简单的数字系统，它只需要 0 和 1 两个数字，"0"用来表示"关"而

"1"则用来表示"开"。

二进制系统对现代计算机是非常理想的数字系统,但在日常生活中使用则很不方便。如果用 2 替代变元,代数式会变成什么模样呢?我们以 $2x^2+7$ 为例,它应该成为 $2\times2^2+7$。然而,我们立刻遇到了麻烦,因为 2 与 7 都不是二进制系统中的数字!

二进制中只有 0 和 1 两个数字,那么 2 应该怎么写?答案是:10。在二进制中,10 表示的数字等于 $1\times2^1+0\times2^0$。简单地用口诀来记,可以说成"逢二进一"——这可以说是"二进制"这一称呼的由来。相似地,7 等于 $2^2+2^1+2^0$,即是以 $x=2$ 代入多项式 x^2+x+1 的结果。所以在二进制记数方式中,7 这个数字记成 111。它不表示十进制的一百一十一,而是一个 2 的平方加上一个 2 再加上一个 1。而 207 这个十进制数值若以二进制表示,则是 11 001 111。很显然,在便利店的记账本里,这种冗长的记号远不如 207 简便,但二进制对现代计算机而言是最便捷的。

不到一百年前,二进制仍然被视为只有理论意义的数学古玩。突然之间,二进制因为计算机的发展变得必不可少,相关理论也因此极快地得到发展与完善。这是数学史上一遍遍重复着的故事:长期地看,没有任何数学是"无用的"。数论中大部分内容没有得到"实际"的应用,但这没有降低它的重要性,反而增强了它的魅力。没有人能够预言,哪一个看似冷僻的定理会突然间被引用,并且出乎意料地扮演起重要的角色。

十六进制

我们说过,207 的二进制表示是 11 001 111。很显然,数字的二进制表示都很长,把它们写下来是很不方便的事情。然而,每四位二进制数字可以很方便地写成一位十六进制数,因此,计算机界经常使用十六进制数字来表示相应的二进制数。

十六进制的"个位数"有 16 种,阿拉伯数字不能满足需要,所以人们使用 $0, 1, 2, \cdots, 9, a, b, c, d, e, f$ 来表示十六进制的所有"个位数字"。207 为例,它的二进制表示的最后四位是 1 111,等于是十六进制的"f",而前面剩下的是 1 100,十六进制表示为"c"。于是十进制数字 207 的十六进制表示就是"cf"。再如二进制数字 10 110,最后四位是 6,前面的是 1,所以它在十六进制中写成 16。

需要注意,十六进制中的 16 表示的数值是:$1 \times 16^1 + 6 \times 16^0$,即十进制的 22。同理,十六进制的 cf 表示 $12 \times 16^1 + 15 \times 16^0 = 207$。

在有些城市的交通信号中,红灯秒数只用两位数表示。当红灯秒数超过 100 时,它的"十位数"往往就使用十六进制的数字。因此,如果你在南京看到红灯秒数显示为"c9",千万别以为它出故障了,其实它很正常,表示的是 129 秒。

冯·诺伊曼

我们当前使用的计算机的结构,包括其内部采用的二进制编码方式,都是由大科学家冯·诺伊曼提出来的。冯·诺伊曼(1903—1957)原籍匈牙利,后移居美国。他在纯数学、应用数学以及计算机科学方面都做出了非常卓越的贡献。

冯·诺伊曼很喜欢在自己家里开派对。有一次,一位数学家同事要去冯·诺伊曼家参加派对,事先打电话问他家有没有什么好找的标志。冯·诺伊曼出门看了看自己的房子,回答说:有,我家房顶上站着一只鸽子。(最聪明的科学家,不动脑子时也是很糊涂的,回电话的冯·诺伊曼没有想到那鸽子可能很快飞走。)

我们随便写下一个数字,比如说:22。将
这个数除以 2,把结果写在它的下面。然后,
再除以 2。11 除以 2 得到 5 以及余数 1,我们
将余数写在 11 的右边,而在 11 下面写下整数

22	0
11	1
5	1
2	0
1	1

部分 5。按照这个算法继续进行下去,直至最终得到 1。整
个过程如右图所示。

现在,我们将右边这列数字自下而上写出来,得到一个
二进制数字 10 110。它恰好就是 22 的二进制表示。用这
种方法我们总是可以求得一个十进制数的二进制表示,在
往下阅读之前,您可以思考一下:为什么这是正确的算法?

如果您找到正确的切入点,这个问题就一点也不神秘。
和很多的数学问题一样,一个问题只有在被恰当地提出时
才能被正确地回答。在包括数学在内的许多研究领域里,
很多人陷入困境是因为他给自己提出的问题是错误的,甚
至是没有答案的。当别人对这个问题重新组织时,或者提

出一个新的替代问题时,一切可能就迎刃而解了。

以上对计算一个数的二进制表示的步骤的描述,事实上将算法的原理隐藏起来了。我们先考虑一个更简单的、已经见过的例子:$7 = 2^2 + 2^1 + 2^0$,二进制表示即为 111。我们从 111 的最右边开始考察。最右边的 1 意味着什么? 它表示 7 这个数字包含 1 的奇数倍,因此它不在任何 2 的正数次方里。写下最末位这个 1 之后,需要表示的数就只是 6 而不是 7。现在我们再看右起第二位数字——它也是 1。这表达的含义是:6 是 2^1 的奇数倍? 正是如此! 因此我们减去 2^1,等于是说我们写下了 1×2^1 的简化形式,而余下的数等于 4。接下来我们考虑 4 是 2^2 的奇数倍还是偶数倍? 答案是 1 倍,这当然是奇数。因此,我们在 2^2 相应的位置写下 1,然后再在原数中减去 2^2。结果,我们完整地得到了 7 的二进制表示,即 111。

另一方面,假设我们考虑的数值是 9。首先,其二进制表示的最右边位置同样是 1,因此我们从 9 中减去 1,得到数值 8。然而,8 是 2^1 的偶数倍,因此在 2^1 的位置上应该是 0 而不是 1。写下这个 0,然后考虑下一个位置。需要表示成二进制的数值仍然是 8,它又是 2^2 的偶数倍。所以,在 2^2 相应的位置我们还是写下 0,而此时余下的数值同样是 8。现在我们转而到了 2^3 的位置。由于 8 是 2^3 的奇数倍,因此我们在这个位置写下 1,然后将 8 减去 2^3。减法的结果是零,因此我们得到了 9 的二进制表示:1 001。

现在来考察前述算例中的 22。我们不理会其中的算法描述,特别是将余数写在右边的做法。相反地,我们提出问题:22 是 1 的奇数倍还是偶数倍? 答案是偶数倍。因此,22 的二进制表示之末位是 0。写下这个 0,然后考虑 22 是 2^1 的奇数倍或偶数倍的问题。答案是奇数倍,因此我们在 2^1 位置上写下 1,再从 22 中减去 2^1——余下的数值是 20。接下来,20 是 2^2 的 5 倍即奇数倍,因此在 2^2 位置上写下 1,并从 20 中减去 2^2。现在,余下的数值——就是还没有表示成二进制的部分——等于 16。16 是 2^3 的偶数倍,因此我们在 2^3 的位置上写下 0,然后考虑 16 与 2^4 的倍数关系。由于 16 恰好等于 2^4,是一个奇数倍,因此 2^4 的位置上我们写下 1。然后,我们就得到 10 110 这个结果。这就是说,整个算法所得的是:

$$22=1\times2^4+0\times2^3+1\times2^2+1\times2^1+0\times2^0 。$$

贴合"二进制"这个术语,以上算法可以粗略地描述为:"逢二进一,余数留在当前的位置上"。细想的话我们可以发现,这种算法对其他进位制也是正确的。例如,假如我们想把十进制数 207 写成八进制数,那么我们也可以用同样的算法:207 除以 8 得商数 25 以及余数 7,将余数写在右边,商数写在下边;继续除以 8,得商数 3 及余数 1;由于 3 除以 8 只有余数 3,因此我们得到 207 的八进制表示为:317。换句话说,我们得到的实质上是:

207	7
25	1
3	3

$$207=3\times8^2+1\times8^1+7\times8^0 。$$

有意思的是,在数十年前的埃塞俄比亚腹地的一个部落里,人们的乘法运算使用了与上述这种算法在数学上相通的做法,这是一个到埃塞俄比亚探险的军官的亲身经历,他在那里偶然买了七头牛。关于这次经历,这位军官在他的游记中写道:

我们去一个集市,想买七头牛。然而,虽然集市上有人卖牛,但卖牛者和我们的向导都不懂简单的算术,不知道七头牛的总价应该是多少钱。他们站在那里像是鸡同鸭讲，吵吵嚷嚷却得不到答案。最后他们叫来了当地的牧师，因为他是当地唯一能够解决这个算术问题的人。

牧师和他的儿子助手赶到后，在地上挖了一系列的小坑。这些坑的大小和茶杯大致相近，分成平行的两列。我们的翻译说，这些坑叫作"格子"。他们马上要做的涵盖了在这一地区进行交易所需要的所有数学，而所需要的则只是数数以及乘以和除以 2 的计算能力。

牧师儿子有满满一袋小石子。在第一列的第一个坑里，他放入 7 个小石子，每一个代表一头牛。第二列的第一个坑里则放入 22 个小石子，这是因为每头牛的价格是 22。他们解释说，第一列坑的作用是作乘 2 计算：把第一个坑的石子数乘以 2 得到一个数目，将这个数目的石子放入第二个坑；然后再把第二个坑石子数目的两倍放入到第三坑……第一列坑就按照这个规律放置石子。而第二列坑则是用作除以 2 的计算——将上一个坑的石子数目除以 2，商取整数，然后将此数目的石子放置到下一个坑里，直至商等于 1 为止。

现在，检查除法列石子数的奇偶。所有偶数都被看

成是"坏"的,而奇数则是"好"的。除法列中出现"坏"的
数目时,就把乘法列中对应坑里的石子移去。最后,把乘
法列中所有剩下的石子数目相加,总数就是问题的答案。

写在纸上,这个牛价问题的算法如下:

乘法列　　　除法列

7――――――22

14　　　　　11

28　　　　　5

56――――――2

112　　　　　1

――――

154

这位军官验算了许多例子,发现通过这个乘法系列总
能得到正确的结果。他感到很惊奇,因为他不明白这究竟
是什么数学道理。事实上,如果我们将乘法列余下的数值
提出公因子 7,我们就会发现剩下的数字依次是 2、4、16。
而回想我们刚刚得到 22 的二进制表示等于 10 110,事情一
下子就清楚了:牧师最后所做的加法确实相当于计算了 7×
22=154。

古埃及人的乘法

古埃及人用加法和加倍来做一般的乘法运算。例如，计算 29 乘以 13 时，他们会做一个列表，在第一左侧写 1，右侧写 13，然后将这一行加

1	13	V
2	26	
4	52	V
8	104	V
16	208	V
	377	

倍作为第二行，接着把第二行加倍作为第三行，如此继续，直到 16 倍为止：

然后，他们选择左侧数字相加等于 29 的行，将这些行右侧的数字相加，从而得到 29 乘以 13 的结果。

事实上，这种做法与二进制有相当紧密的联系。

民间流传着一个有趣的"猜数字"游戏，这个游戏使用如下的四张卡片：

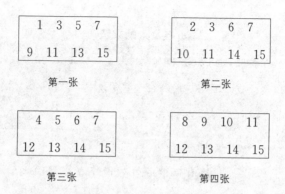

| 1 | 3 | 5 | 7 |
| 9 | 11 | 13 | 15 |

第一张

| 2 | 3 | 6 | 7 |
| 10 | 11 | 14 | 15 |

第二张

| 4 | 5 | 6 | 7 |
| 12 | 13 | 14 | 15 |

第三张

| 8 | 9 | 10 | 11 |
| 12 | 13 | 14 | 15 |

第四张

游戏的玩法是：你让别人在心里选定一个 0 到 15 之间的整数，并告诉你这个数总共在哪些卡片里出现，然后你"猜"他选定的数字。而你的"猜"法很简单——只要将相应卡片里的第一个数加起来，就可以得出这人心里选定的那个数。

举个例子说，假设我在心里选定 13 这个数，告诉你它出现在第一、三、四张卡片上。你则把这三张卡片的第一个数相加，1＋4＋8＝13，然后告诉我说："我知道了，你心里选中的数是 13。"

这个游戏虽然简单却也有趣，所谓的"猜"其实是计算。很多人都见过这个游戏，但却未必明了其背后的数学道理。是的，其背后是二进制。

第一张卡片中是 1 到 15 之间所有除以 2 余 1 的数，即二进制表示为"×××1"的数，而其第一个数是 0001。相似地，第二张卡片中是 1 到 15 之间所有二进制表示为"××1×"的数，而其第一个数是 0010。后两张依此类推。

如果某人心里选定的数之二进制表示为 $a_4a_3a_2a_1$，则根据卡片的设计方式，当 a_i 等于 1 时这个数即出现在第 i 张卡片上。由于 $a_4a_3a_2a_1 = a_4 \cdot 1000 + a_3 \cdot 0100 + a_2 \cdot 0010 + a_1 \cdot 0001$，可知这个数恰等于它所出现的卡片上的第一个数之和。再以 13 为例，13 这个数的二进制表示是 1101，因此它在第一、三、四张卡片里有，而且其数值恰好等于 0001＋0100＋1000。

简单而有趣，是不是？事实上，在明白了其中的原理之后，我们还可以利用其他进位制来制作卡片，设计相似而貌似高深的小游戏。例如，读者可以设计六张卡片，利用三进制创造一个 0 到 26 之间的"猜数字"游戏。

我小时候见过舅舅们玩一种"取火柴"的二人游戏，具体的玩法是:摆上三堆火柴,每堆火柴的数目随机。参加游戏的两个人轮流取走至少一根火柴,但每次只能任意从一个堆中拿取。游戏的胜负以谁取走最后一根火柴来决定——谁取走最后一根火柴算谁输。也就是说,游戏者的目标是让对方无路可走,不得不取走最后一根火柴。

这个游戏有一个最佳策略。面对一个不懂得这个策略的人,懂得的人必然可以取胜。如果游戏双方都懂得这个策略,那么游戏的胜负在火柴数目确定时就已无法改变。

有趣的是,这个最佳策略的分析依赖于二进制系统。如果我们习惯于以2为基数的计数系统,这个游戏就会变得很简单了。

全面的策略分析有些复杂,但简而言之,你取胜的策略是以"平衡"的状态挑战对手,迫使他打破平衡。然后你继续创造平衡,直至到达3-2-1或2-2-0或1-1-1三种简单情形。面对这些情形的对手是必败无疑的。

所谓"平衡"状态是所有2的次方数都成对的情形。例如,假设一开始三个堆的数目分别是19,31和25。写成2的次方和,即为:

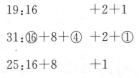

三堆火柴结合起来看,除了多出一个16、一个4以及一个1之外,其他2的次方数都成对出现。因此我们面对这种局面时,应该从31根火柴的那堆中一次性取走21根火柴。这样,我们就给对手制造了19 - 10 - 25这样一个平衡局面,而对手就注定要失败了。继续上例,假设此时对手从19根火柴中取走15根,则此时你面对的是4 - 10 - 25:

4:     ④

10: 8 +②

25:⑯+8 +①

现在,16,4,2,1都没有能够配对,并且分散在三个火柴堆里,我们怎么制造出新的平衡局面呢? 显然,16是肯定无法配对的,所以我们必须从25中取走火柴。这样一想,问题变得简单起来——我们在25根火柴中留下与4,8,2配对的火柴数,即取走11根火柴,就可以形成4 - 10 - 14的平衡局面。再假如对手接下来取走第二堆中所有的七根火柴,那么我们的应对办法就是从14根中也取走七根,继续形成

一个 4 - 3 - 7 的平衡的局面——注意:按照二进制表示,4 -
3 - 1 不是平衡局面,我们千万不要错误地让自己陷入这种
必败的情形。我们只有不断地制造平衡局面,才能够制造
出上述那三种对手必败的简单情形。

在火柴成为人们随身物品的年代,它经常成为闲暇时
小游戏的道具,"火柴游戏"曾经相当流行。我们前面既讲
到罗马数字,又讲到了火柴,因此本章的最后,我们来看一
个趣味故事——

在 1893 年美国西部的一个酒吧里,一个叫约翰的男子
在桌子上用火柴摆出了如下的罗马数字算式:

$$|X = | + X,$$

然后他挑战在场的所有酒客,问最少移动多少根火柴,可以
使之成为一个正确的等式? 他以一美元的赌注赌别人说不
出正确的答案。

不少聪明人纷纷拿出一美元放到桌上参赌,他们异口

同声地说:很简单,把被加数里的 1 移动到右边,成为

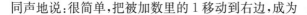

两边就相等了。只移动了一根火柴,难道不是"最少"?

不料,约翰把参赌的酒客领到桌子的另一边,说:你们看,这个式子其实一根火柴都不需要移动。于是,在聪明人们目瞪口呆之际,约翰笑嘻嘻地收走了桌上的赌资。

这个故事所讲的并不是一个脑筋急转弯问题,它其实提醒我们:看问题可以有不同的角度。

掐指一算

我国的算命先生常会"掐指一算",那就是使用手掌进行十二进制运算的过程。中国古代在天文与历法等方面使用十天干和十二地支,因此,中华文明虽以十进制为主,事实上也兼用十二进制和六十进制。

左手"掐指",可以表示 1 到 12,配合右手的五个手指,就可以表示所有六十进制的数字。不过,两河文明与我国传统的"掐指"方法是不一样的,它们都是用拇指"掐"(指点)其余四个手指的特定部分,但所"掐"的位置有所不同,具体情形如下:

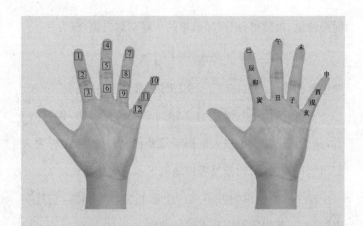

　　如上所示,两河文明所用的位置是整个"指节",而中华文明所用的则是指节之间的"点"。西方人用具体的"区域"而中国人用抽象的"点",国际象棋与中国象棋之间同样体现出这种区别。

第 2 章

数字的样式

我们来考虑一个数，找一个看起来有趣点的，比如说 135 792 468。我们的问题是：有多少种将这个数的各位数字重新排列的方式？排出的数中又有多少个恰好可以被 3 整除？也就是说，除以 3 时能够除尽，或者说余数为零？

以上两个问题的答案都相当简单。包括原来的数在内，重新排列的数之第一个数字有 9 种选择。第二个数字的选取在第一个已经选定之后，因此总共有 8 种选择。相似地，第三个数字有 7 种选择，如此等等。因此我们可以得到，所有排列方式的总数等于

$$9 \times 8 \times 7 \times 6 \times 5 \times 4 \times 3 \times 2 \times 1 = 362\ 880。$$

第二个问题是，这些数中有多少个可以被 3 整除？答案同样很简单：全部都可以！

那么,怎么判断一个数是不是可以被 3 整除呢? 大家也许已经知道有这么一个简单的判别方法:一个数可以被 3 整除当且仅当它的各位数字之和可以被 3 整除。

由于从 1 到 9 这九个数字的和等于 45,而 45 是可以被 3 整除的,所以由 1,2,3,4,5,6,7,8,9 这九个数字以任何顺序排列出的九位数都可以被 3 整除——很明显,无论这些数字是怎么排列的,它的各位数字的和都不会改变,一样都等于 45。

计算从 1 到 9 这九个数字的和时,大家可能会用一种简单的计算方法——将这些数从两端依次配对:

$$1+9=10,$$
$$2+8=10,$$
$$3+7=10,$$
$$4+6=10。$$

由于我们总共有奇数个数,所以处于最中间的 5 没有可以配对的数。但这样做的计算也已经很简单了——答案等于 4 个 10 加上一个 5。

我们也可以换一种方式。考虑两个从 1 到 9 九个数字

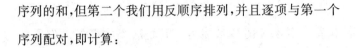

序列的和,但第二个我们用反顺序排列,并且逐项与第一个
序列配对,即计算:

$$1+9=10,$$

$$2+8=10,$$

$$3+7=10,$$

$$4+6=10,$$

$$5+5=10,$$

$$6+4=10,$$

$$7+3=10,$$

$$8+2=10,$$

$$9+1=10。$$

现在问题好像变得更加简单:我们所要求的和数的两倍等
于 90,因此所求的答案是 45!

对连续 N 个自然数求和,乃至对一个等差数列的连续
N 项求和,都可以用上述这种算法。根据对上述算法的观
察,我们很容易证明这样一个公式:

等差数列连续若干项的和 =（首项 + 末项）× 项数 ÷ 2。

高斯也许是历史上最伟大的数学家,他在年幼的时候就表现出不凡的算术能力。下面这个故事是人们所熟知的:

高斯九岁的时候,一位专横的教师打算让学生们做一个冗长的加法练习,他布置了这样一道题:"求前 100 个自然数的和"。这对于教师而言当然是简单的,因为他知道等差数列的求和方法,然而他的学生们并不知道这种方法。年幼的高斯同样不知道这种方法,但是他很快就发明了一种算法,用这种办法心算出答案,并且把答案写下来交给了老师。过一个小时之后,所有的同学终于做完了这道练习题。而老师发现,除了高斯之外,其他所有同学的答案都是错的!

据文献记载,高斯不是用我们介绍的求和公式,他的做法是我们更早一点介绍的那种简单配对——高斯在 1 到 100 的数列前面添上一个 0,成为 101 项,然后他把这 101 个数首尾配对成为和数等于 100 的 50 个数对,再加上位于正中间无法配对的 50,于是快捷地得到正确答案:5 050。

高　斯

约翰·卡尔·弗里德里希·高斯(1777—1855)，德国数学家、物理学家、天文学家、大地测量学家。高斯是历史上最重要的数学家之一，有"数学王子"之称。在各种数学家排行榜中，高斯通常都名列前三位。

高斯小时候家里很穷，他父亲也不认为学问有用，但高斯很喜欢读书，并且从小就表现出过人才智。高斯父亲为了节省照明用油，总是要求儿子早早上床睡觉，但高斯常常用自己做的灯，躲起来偷偷读书。

高斯发明的最小二乘法，后来成为统计与工程中最重要的数学工具之一。他提出正态分布曲线(高斯钟形曲线)，其相应的函数是概率论中最重要的概率分布函数。

高斯总结了复数的应用，严格证明了代数基本定理。他证明二次互反律，为数论的继续发展提供了重要基础。非欧几里得几何学是爱因斯坦广义相对论的数学基础，而高斯是这种几何学三位独立发明者之一(其他两个是俄国数学家罗巴切夫斯基与匈牙利数学家波尔约)。

在 24 岁时,高斯用他的数学知识,计算出了小行星谷神星的运行轨迹,轰动了整个天文学界。为了向高斯致敬,德国天文学家海因里希·欧伯斯在发现新的小行星后,主动将这颗小行星的命名权献给高斯,高斯则将它命名为灶神星。

高斯知道他很多数学思想超越时代,很可能不会被时代所接受,因此他将很多研究结果留在自己的文稿里,而不向外界公开。高斯的非欧几里得几何学,就是在他未发表的文稿里发现的。

高斯在 19 岁时用尺规作图构造出了圆内接正 17 边形,他对自己的这个小成就非常满意。根据他的遗言,他的墓碑上雕有从正十七边形派生出来的正十七角星。

话说回头,为什么上文提到的那个古老而熟悉的、检验一个数能否被 3 整除的方法是正确的呢?检验一个数是否

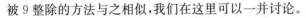

被 9 整除的方法与之相似,我们在这里可以一并讨论。

我们考虑一个四位自然数,按其各位数字记为 $abcd$。

这个表示式所表示的数等于是

$$1\,000a + 100b + 10c + d。$$

因此,这个数可以写成如下两部分的和:

(1) $999a + 99b + 9c$,

(2) $a + b + c + d$。

很显然,无论 a, b, c, d 是什么数字,第一部分都可以被 9 整除,因而也可以被 3 整除。所以,整个数能够被 9 或者被 3 整除的充分必要条件是:其第二部分可以被 9 或者被 3 整除。四位的自然数是这样,其他所有自然数理所当然也一样。

检验一个数是否可以被 11 整除的方法比以上做法略为复杂一点。同样考虑四位数 $abcd$,我们也可以将它写成两部分的和:

(1) $1\,001a + 99b + 11c$,

(2) $-a + b - c + d$。

这样,我们很容易发现,原数可以被 11 整除当且仅当以上的第二部分,即 $(-a+b-c+d)$,可以被 11 整除。这个括号里的数是整数,但它未必是正数,它可能是负数或者恰好等于零。通过这个简单的分析,我们可以得到这样的判别法则:

一个数可以被 11 整除,当且仅当它的奇数位置的数字和与偶数位置的数字和之差是 11 的整数倍。

得到这条判别法的思考过程是简单的,但写成完整而严谨的证明却相当啰唆,因而我们不提供正式的证明。然而这条判别法还是很好用的,对 7 744 或 123 321 这样的数,我们都很容易知道它们可以被 11 整除。

一个数可以被 2 整除当且仅当它是一个偶数。那么什么时候一个数可以被 4 整除呢?这个问题也不困难——我们再来观察四位数 $abcd$,同样也将它写成两部分的和:

(1) $1\,000a+100b$,

(2) $10c+d$。

第一部分是 100 的倍数,因此它可以被 4 整除。这样一来,看一个数是否可以被 4 整除,只要看它的最后两位就可以了。如果十位数字 c 是一个偶数,那么 $10c$ 就是 4 的倍数,此时 $abcd$ 可以被 4 整除当且仅当个位数等于 0、4 或者 8。简单的分析不难发现:如果十位数字 c 是一个奇数,则 $abcd$ 可以被 4 整除的条件是它的个位数等于 2 或者 6。

再进一步,一个数什么时候可以被 8 整除? 它的判别法则可以有不同的陈述方式,这里我们指出一种:首先,这个数必须可以被 4 整除。其次,如果这个数的百位是偶数,那么它末尾的两位数必须是 8 的倍数;而如果它的百位数是奇数,则末尾的两位数必须是 4 的倍数但不是 8 的倍数。

我们举几个例子。1 234 不能被 8 整除,因为它不能被 4 整除。1 236 也不能被 8 整除,因为它虽然可以被 4 整除,但它的百位数是偶数,而末尾的两位数 36 却不是 8 的倍数。而根据上述判别法,1 232 和 1 336 都可以被 8 整除。

所有人都知道,一个数可以被 5 整除的充分必要条件是它的个位数等于 0 或者 5。一个数可以被 6 整除的充分必要条件是它同时可以被 2 和 3 整除。至此我们发现:除了 $n=7$ 之外,对一个数是否可以被 12 以内的某个正整数 n

整除的问题,我们都有比较简单的判别法。

"小数字定律"

事实上,人类善于总结关于小数字的规律,例如五味、五色、五方、五大行星、五种正多面体等等,或者三世(过去、现在、未来)、三才(天、地、人)、三教(儒、道、释),甚至纪传、编年、纪事本末三种史书编写方法等等。由于这些总结大多局限于三、四、五、七、九这样的小数字,数目相等的集合极其常见,这是不可避免的现象。因此,每一个重要事物集合都会与某个其他重要集合具有相同的数目,这是一种必然现象,可以称为"小数字定律"。认为它们之间必有数目之外的"内在"联系,通常只不过是胡乱联想。

在自然科学中,人们非常相信"归纳",即从特殊到一般的推理方法。然而在数学中,我们不能依赖这种推理过程。

有人说,对如下前 n 个偶数之和

$$2+4+6+\cdots\cdots+2n,$$

他有一个公式。他声称,以上这个和的结果等于

$$Y(n)=n^5-15n^4+85n^3-224n^2+275n-120。$$

这个公式的意思是说,把自然数 n 代入 $Y(n)$,则公式右边计算得到的结果就是前 n 个偶数的和。我们试算前几个,发现 $Y(1)=1-15+85-224+275-120=2$。相似地可以算得:$Y(2)=6$,$Y(3)=12$,$Y(4)=20$,$Y(5)=30$。由于

$$2 \qquad\qquad =2,$$
$$2+4 \qquad\qquad =6,$$
$$2+4+6 \qquad\quad =12,$$
$$2+4+6+8 \qquad =20,$$
$$2+4+6+8+10 \quad =30,$$

因此这个公式看起来似乎是正确的。假如我们此时停止复杂的验算,我们能不能因为该公式对前五个自然数正确而推出它对所有自然数也正确呢? NO! 我们不可以。例如当 $n=6$ 时,$Y(6)=162$,而 $2+4+6+8+10+12=42$,两数

并不相等。事实上,这个所谓"公式"在 n 大于 5 之后就再也没有正确过。

好奇的读者也许会想:上面这个似是而非的"公式"是怎么弄出来的呢?我们这就来做一个解答——

首先,我们那个和式是一个等差数列的前 n 项和,所以我们很容易算出,它真正的公式是 $S(n) = n^2 + n$。接下来我们们构造一个多项式 $F(n)$,要求 $F(n)$ 在 $n=1$ 到 $n=5$ 时都等于 0。这个要求等于说要求 $n=1,2,3,4,5$ 都是方程 $F(n) = 0$ 的解。很显然,符合条件的最简单的多项式 $F(n)$ 就是 $F(n) = (n-1)(n-2)(n-3)(n-4)(n-5)$。所以,只要把 $S(n)$ 和 $F(n)$ 加起来,我们就可以得到一个仅仅在 n 小于或等于 5 时成立的所谓"公式"了。

一个大于 1 的自然数,如果除了自身与 1 之外没有任何因数——也就是说不能被其他任何自然数整除,则它被称为素数。大于 1 而又不是素数的数则被称为合数。2 与 47 是两个素数的例子,而 20 是一个合数,因为它等于 $2\times 2\times 5$。

在数论中一般讨论的对象是正整数,因此在讨论数论问题时如果我们只简单地说"数",那么我们的意思通常就是正整数。我们相信，读者根据上下文可以确知"数"的真正意思，所以今后在讨论数论问题时我们经常会用这样的"简称"。

初等数论中经常出现两个著名的一元二次式，它们是：

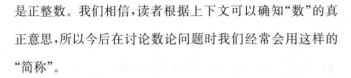

$$(1)\ n^2 - n + 41,$$

$$(2)\ n^2 - 79n + 1\ 601。$$

第一个算式当 n 取前 40 个数时，它的值都是素数，而当 $n=41$ 时则是合数，它的值等于 41^2，即 1 681。第二个算式对 n 从 1 至 79 所得的值都是素数，但当 $n=80$ 时，它的值也不是素数，而且恰巧也等于 1 681。

两个式子共同的特点是：当 n 取前几十个自然数时，算式的结果都是素数，但当 n 再大时则不尽然。

如果一个理论被几十个实验所验证，就算实验数目不到 40 个，物理学家大多也选择相信那个理论。但对数学而言，40 个验证不够，79 个验证不够，再加上一百万个也不行。数学需要另外一种证明方法。

大家可能听说过，有一种重要的推理方法叫"数学归纳法"，它是极为有用的证明方法。在说清楚这种方法是什么之前,我们最好确信自己明白它不是什么。

有些人认为,数学归纳法就是在一系列的检验之后推断出结论的方法。这种理解是不对的。观察以下等式序列:

$$1 = 1,$$
$$1+3 = 4,$$
$$1+3+5 = 9,$$
$$1+3+5+7 = 16,$$
$$1+3+5+7+9 = 25。$$

在上述序列中,右边都等于完全平方数。然而,这能够保证此后所有无穷多个相似的等式都正确吗?还不能。不管有规律的序列形式上看起来有多么让人坚信不疑,在得到证明之前是不能被承认为定律的。

我们想要证明的是:前 n 个奇自然数的和总等于 n 的平方。这需要通过数学归纳法来证明——这是一种与观察加猜测非常不同的方法。这个方法可以比喻为教一个小孩如何攀爬一架无穷的梯子——无论他以前是否以这种方式爬过梯子都没有关系,重要的是这架无穷的梯子可以用这种方式向上爬。首先,将小孩放到梯子的某个梯级。其次,无论处在哪个梯级,教会这个小孩如何从目前的梯级爬到上一个梯级。这样,所有的事情归结到一件事:保证这个小孩找到并爬上第一个梯级。因为,如果他已经爬上第一个梯级,那么按照他学到的方法,小孩就可以爬到第二个梯级,然后第三个梯级,如此不断地沿着这架无穷的梯子向上爬去。

我们先介绍什么叫作"归纳假设"。我们暂且不假定说我们要证明的公式总是正确的。我们现在退一步,假定对某个特定的情况,如 $n=k$ 时,公式是正确的。这等于是说,我们现在位于梯子的第 k 个梯级。现在,假定前文关于奇自然数之和的公式在 $n=k$ 时是正确的,也就是

$$1+3+5+\cdots+(2k-1)=k^2。$$

倘若这个公式正确,则在其两端同时加上 $(2k+1)$ 时,即有:

$$1+3+5+\cdots+(2k-1)+(2k+1)$$
$$=k^2+(2k+1)=(k+1)^2。$$

这就是说,如果公式对 $n=k$ 时是正确的,那么它对 $n=k+1$ 时也将是正确的。依照爬梯的类比,我们爬到了梯子的第 $(k+1)$ 个梯级。

当然,现在我们还没有证明整个公式。但我们现在回

头去考察 n 的数值很小的情形——通常考虑 $n=1$ 的情形。由于 1 等于 1 的平方,所以此时公式的成立是显然的——这好比是梯子的第一个梯级。由于 $n=1$ 时公式是成立的,按照归纳假设,$n=2$ 时定理也正确,接下来 $n=3$ 时……直至任何自然数 n,我们都有

$$1+3+5+\cdots+(2n-1)=n^2。$$

在上式中如果取 $n=m^p$,则我们发现,m^{2p}——一个任意自然数的偶数次方——恰好等于所有从 1 到 $2m^p-1$ 之间的奇数之和。例如取 $m=3$,$p=2$,则有

$$81=3^4=1+3+5+\cdots+17。$$

我们还可以证明,对任何正整数 m 及大于 1 的正整数次方 k,存在一个长度为 m 的奇数序列(未必从 1 开始),其和恰好等于 m^k。例如 $k=3$ 时,m^3 总是等于从 m^2-m+1 至 m^2+m-1 之间的 m 个奇数之和。如果我们取 $m=5$,则 $5^2-5+1=21,5^2+5-1=29$,因而

$$5^3=21+23+25+27+29。$$

其实,奇数序列的这个看似神奇的性质并不难证明:起

始项为 $2u+1$ 而长度为 m 的奇数序列,其最后一项等于 $2u+2m-1$。据我们前面提到的等差数列部分和公式,这个序列的和等于 $[(2u+1)+(2u+2m-1)]\times m\div 2$,化简得到 $m\times(2u+m)$。因此,只要取 $u=(m^{k-1}-m)/2$,则这个和的数值就会等于 m^k。

需要注意的是,当 $k>1$ 时,$u=(m^{k-1}-m)/2$ 的值总会是一个整数,这点读者不难自己证明。

几乎对所有的数学分支而言,数学归纳法都可以说是极为强有力的证明手段。它只有一个不足之处:它只负责证明定理,并不构建定理本身。然而,如果我们拥有一些线索,再加上智慧的猜测,则可以得到看似正确的陈述。对这个陈述,我们通常可以尝试着用数学归纳法来考察它究竟是不是正确的公式。

"n 平方"的本义是以 n 为边长的正方形的面积,它是一个几何的概念。古人经常以几何的方式来理解完全平方数,这种表达习惯在我们关于次方的术语中仍然存在。即便我们想说的是与几何无关的 25 这个数值,我们仍然通常说"五的平方"而非"五的二次方"。同样,我们通常也把 125 说成是 5 的"立方"而不是 5 的"三次方"。

古希腊人倾向于以下列图形来思考,图中边长为 5 的正方形总共包含有 25 个单位正方形。

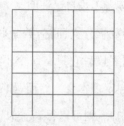

正如从国际象棋到中国象棋的变化——国际象棋把棋子放在格子里,而中国象棋则把棋子放在交叉点上——古人也从"方格"转向"点",将"完全平方数"看作是点的方阵,并且称为"正方形数":

1^2 2^2 3^2 4^2

相似地,所谓"三角形数""五角形数""六角形数"也都曾受到数学家或数学爱好者的关注,它们通常都用点阵来描述。例如,前四个"三角形数"可以用如下图形表示:

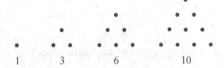

三角形数与正方形数的一个联系是:任意两个相继的三角形数之和是一个正方形数,对应正方形的边长等于较大的那个三角形的边长。例如:$3+6=3^2$,$6+10=4^2$,等等。这个事实的代数证明是很简单的——对相继的两个三角形数的和,把它们的代数公式相加,即得到:

$$\frac{n^2+n}{2}+\frac{(n+1)^2+(n+1)}{2}=(n+1)^2。$$

然而,这个事实在几何上同样是很显然的。以三角形数 6 和 10 为例,把它们的点阵作如下变形:

这样,只要将较小的三角形倒置放在较大的三角形的右上方,就可以得到一个正方形:

关于前 n 个正整数之和,我们刚刚使用了如下公式:

$$1+2+3+\cdots+n=\frac{n^2+n}{2}。$$

这个公式很容易证明,它是自然数列这一特殊的等差数列的前 n 项和公式。理所当然地,这个公式也给出第 n 个三角形数。那么,前 n 个正方形数(即平方数、完全平方数)的和有没有简单的公式呢? 当然有,这个公式是这样的:

$$1^2+2^2+3^2+\cdots+n^2=\frac{n(n+1)(2n+1)}{6}。$$

以上公式可以用数学归纳法来证明,具体的证明我们留给读者作数学归纳法的练习。

然而,如果我们事先不知道上述公式的具体表达式,那么怎么能够把它推导出来呢? 我们来介绍一个方法:

首先,我们知道

$$(n+1)^3 = n^3 + 3n^2 + 3n + 1,$$

因此,

$$(n+1)^3 - n^3 = 3n^2 + 3n + 1。$$

同理,我们有:

$$n^3 - (n-1)^3 = 3(n-1)^2 + 3(n-1) + 1,$$

$$\cdots\cdots$$

$$(k+1)^3 - k^3 = 3k^2 + 3k + 1,$$

$$\cdots\cdots$$

$$2^3 - 1^3 = 3 \cdot 1^2 + 3 \cdot 1 + 1。$$

把以上所有这些等式全部加在一起,我们得到:

$$(n+1)^3 - 1^3$$

$$= 3[n^2 + (n-1)^2 + \cdots + 1^2] + 3[n + (n-1) + \cdots + 1] + n。$$

将公式

$$1 + 2 + 3 + \cdots + n = \frac{n^2 + n}{2}$$

代入上式右边,并展开左边的立方和 $(n+1)^3$,即有:

$$n^3 + 3n^2 + 3n = 3[n^2 + (n-1)^2 + \cdots + 1^2] + 3 \cdot \frac{n^2+n}{2} + n。$$

对这个等式进行移项和化简整理,我们很快就可以得到前面给出的公式了。

这个证明方法是一种"有限差分法",用这种办法作例行推导可以解决很多相似的问题。例如,对立方数我们也有公式:

$$1^3 + 2^3 + 3^3 + \cdots + n^3 = \left(\frac{n^2+n}{2}\right)^2。$$

这里出现了一个意料之外的联系:前 n 个立方数之和等于前 n 个自然数之和的平方!

n 边形数

我们介绍了三角形数和正方形数,其实古人还研究过五边形数、六边形数等等,其中,五边形数和六边形数可以由下列图形表示:

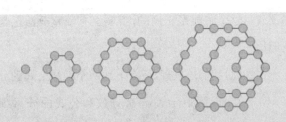

第 n 个 s 边形数的公式是：$\dfrac{n\left[(s-2)\cdot n-(s-4)\right]}{2}$，有兴趣的读者可以尝试自己证明。

我们再提一个进一步的问题：除了用上述有限差分法来推导前 n 个立方数之和的公式之外，我们还有没有别的办法？当然，我们还可以换一换思路，我们可以尝试先有理有据地"猜测"出一个"公式"，然后用数学归纳法来证明。

我们观察到：前 n 个自然数之和的公式是一个 n 的二次多项式，前 n 个平方数之和的公式是一个 n 的三次多项式，我们因此猜测，前 n 个立方数之和的公式是一个 n 的四次多项式! 这个猜测是正确的,事实上有限差分法已经告诉我们这一点。

不仅如此,我们还发现,所有上述两个已知公式的分子都有 $n(n+1)$ 作为因子,而 k 次方数和公式的分母则是 $1 \cdot 2 \cdots \cdot k \cdot (k+1)$ 的因子,因此,我们大胆猜测,假设这个四次多项式有如下形式:

$$S(n) = \frac{n(n+1)(a_0 n^2 + a_1 n + a_2)}{24}。$$

那么,未知的系数们该是什么数值呢? 我们可以用"待定系数法"来解决,在上式中右边分别取 $n=1,2,3$,左边代入相应的前 n 个立方数的和,则有:

$$12 = a_0 + a_1 + a_2,$$
$$36 = 4a_0 + 2a_1 + a_2,$$
$$72 = 9a_0 + 3a_1 + a_2。$$

用逐步消去未知元的方法,我们不难解得:

$$a_0 = 6, a_1 = 6, a_2 = 0。$$

由此,我们得到了前文给出的公式。注意,因为这个公式的形式有猜测的成分,因此目前得到的公式还未必正确,但它的正确性可以用数学归纳法来证明。

一个正方形数也就是完全平方数，或简称平方数，它有没有可能同时是一个三角形数？当然有可能，因为 1 就是。问题是还有其他的没有呢？检查平方数序列，我们发现 36 是下一个同时为三角形数的平方数。如果我们简单地搜索平方数序列，探索过程可能会非常冗长。接下来的三个既是平方数又是三角形数的自然数依次是 1 225，41 616，1 413 721。那么，人们是怎么得到它们的呢？为了回答这个问题，我们需要一些比我们现在拥有的更强有力的数学知识。我们将在第 9 章再讨论并解决这个问题。

欧几里得与《几何原本》

根据古人记载，欧几里得是活跃于公元前 300 年前后的古希腊数学家，他以《几何原本》而闻名千古。欧几里得生活的年代晚于墨子，与秦昭王基本同时代。

《几何原本》共有 13 卷,其主要内容是几何学,但也讨论数论、无理数理论等其他课题,著名的如辗转相除法、素数有无限多个的定理、完全数和梅森素数的关系、有关因式分解的欧几里得引理等。

欧几里得几何学是一套完整的公理体系。公理就是确定的、不需证明的基本命题。欧几里得几何学以五条公理为基础,然后从它们出发,演绎出整个几何学的所有定理。这种公理体系方法,后来成为建立所有科学知识体系的标准方式。

《几何原本》是古希腊数学发展的顶峰,明朝末年徐光启(1562—1633)曾经与传教士利玛窦一起翻译过它的前六卷。

欧几里得平面几何的五条公理

欧几里得平面几何学总共有五条公理(或称"公设"),它们是:

1. 从一点向另一点可以引一条直线。

2. 任意线段能无限延伸成一条直线。

3. 给定任意线段,可以以其一个端点作为圆心,该线段作为半径作一个圆。

4. 所有直角都相等。

5. 若两条直线都与第三条直线相交,并且在同一边的内角之和小于两个直角,则这两条直线在这一边必定相交。

其中,第五条公理称为平行公理(或平行公设),它可以推导出:"通过一个不在直线上的点,有且仅有一条不与该直线相交的直线。"修改这条公理,可以建立不同的几何学,也就是著名的"非欧几里得几何"。

在古人那里,整个科学和数学都深受哲学与形而上学的渗透与影响,数字被赋予个性,一些几何图形则被错误地赋予神圣的内涵。即便到了 1596 年,作为现代天文学鼻祖之一的开普勒,还曾经力图捍卫一个荒谬的太阳系模型。

在他提出的这个模型中,围绕太阳的所有已知六个行星——即水星、金星、火星、土星、木星和地球——的位置关系由五种正多面体的数学性质所确定。这其中重要的原因之一是:古希腊人证明了正四面体、正六面体、正八面体、正十二面体和正二十面体是仅有的五种正多面体,这个纯粹的数学结果被认为与太阳系的结构有着神秘的联系。同样的道理,古人对某些数的特殊性质感到特别的兴趣,并给予带有神圣意味的称谓。正因此,对于古人将某些自然数称作是"完全"的,我们应该丝毫不觉得奇怪。

言归正传,如果一个数等于其包括 1 在内的所有真因数——即小于它本身的因数——之和,则古人称它为一个"完全数"。由于 6 的真因数为 1, 2, 3,而 6＝1＋2＋3,所以 6 就是一个完全数。继续逐一验算,我们知道下一个完全数是 28——28 的所有真因数依次是 1, 2, 4, 7, 14,而 28 恰好等于它们的和。直到 17 世纪,仍然只有 8 个完全数为世人所知,数论学者梅森因此于 1644 年感慨道:"我们清楚地看到完全数是如此的稀有,因而拿它们与完人相比是如何的恰当。"

所有已知的完全数都是偶数,人们至今不清楚是否存在奇完全数。然而数学家们已经证明，如果奇完全数存在的话，那么它至少大于$10^{1\,500}$。人类为研究完全数耗去了非常非常多的时间，一位现代著名的数论专家甚至以完全数为主题写了一大本专著。

　　古希腊人知道的完全数有四个：

$$P_1 = 6 = 2(2^2 - 1),$$

$$P_2 = 28 = 2^2(2^3 - 1),$$

$$P_3 = 496 = 2^4(2^5 - 1),$$

$$P_4 = 8\,128 = 2^6(2^7 - 1)。$$

从这少量的线索中出发，中世纪的学者作出如下猜测：(1) 可能每一对相继的两个 10 的次方数之间都存在一个完全数，因此第 n 个完全数恰好是一个 n 位数；(2) 6 和 8 作为完全数的结尾数字交替出现。这里，我们又多了一个以胡乱猜测为依据的"直观归纳"的例子——两个猜想都是错的。首先是不存在五位数字的完全数，第五个完全数是

$$P_5 = 2^{12}(2^{13} - 1) = 33550336。$$

其次，虽然上述第五个完全数正好是以 6 为尾数，但下一个完全数的尾数同样是 6，并不以 8 结尾。偶完全数确实全部

以 6 或者 8 结尾,但"交替出现"的猜测并不正确。

大家可能已经注意到,我们把给出的每个完全数都写成了如下形式:

$$2^{p-1}(2^p-1),$$

并且在上述每个完全数表达式中,p 都是素数。此外,在 $p=2,3,5,7$ 之后,我们跳过 11,指出 $p=13$ 对应着下一个完全数。所有这些事实在完全数的研究中都扮演着重要的角色。

首先我们来证明欧几里得就已经知道的定理:

如果 2^p-1 是一个素数,则 $N=2^{p-1}(2^p-1)$。是一个完全数。

证明的方法只是列出 N 的所有真因数。显然,$1,2,2^2,\cdots,$ 2^{p-1} 都是 N 的真因数。由于 (2^p-1) 是一个素数,因此 N 的其他的因数(包括自己)是 (2^p-1) 与上述诸因数的乘积。除了这些之外,N 没有其他的因数。我们把这些因数分成两类分别求和:

$$S_1 = 1 + 2 + 2^2 + \cdots + 2^{p-1},$$
$$S_2 = (1 + 2 + 2^2 + \cdots + 2^{p-1})(2^p - 1)。$$

则 $\qquad S_1 + S_2 = S_1 + S_1(2^p - 1) = S_1 \cdot 2^p。$

我们用高中学习到的等比数列求和公式来计算 S_1,这里的公比等于 2:

$$S_1 = 1 + 2 + 2^2 + \cdots + 2^{p-1} = \frac{2^{p-1} \cdot 2 - 1}{2 - 1} = 2^p - 1。$$

这样,我们得到:

$$S_1 + S_2 = 2^p(2^p - 1) = 2 \cdot 2^{p-1}(2^p - 1) = 2N。$$

这,就是 N 的所有因数之和。为什么结果不是 N 而是 $2N$? 原因在于我们把 N 自己包含在上述第二类因数之中了。也就是说,根据上式可知,N 的所有真因数之和其实恰好等于 N 自己,因此 N 确实是一个完全数。

在以上证明用到了"$(2^p - 1)$ 是一个素数"这一条件,因而下一个问题是:形如 $(2^p - 1)$ 的数中,哪些是素数? 这种形式的数以 17 世纪数论学者梅森的名字命名,称为"梅森数"。不难证明,p 为素数是梅森数 $(2^p - 1)$ 为素数的必要条件,但不是充分条件。我们跳过 $p = 11$ 是正确的,因为

$2^{11}-1$是一个合数(它等于 23×89),因此 $2^{10}(2^{11}-1)$不是完全数。

欧拉第一个证明:所有偶的完全数都是以上形式,没有其他可能。也就是说,一个偶数 N 是完全数的充分必要条件是:

$$N=2^{p-1}(2^p-1),\text{并且 }2^p-1\text{ 是素数}。$$

因此,寻找偶完全数的问题等价于寻找"梅森素数"(即梅森数中的素数)的问题。对这个难题目前仍然没有系统的答案。在很长的时间段里,人们只知道 8 个梅森素数,而随着计算机计算能力的飞速提高,以及全球数学爱好者利用计算机网络进行的协作努力,目前已知的梅森素数已经达到 49 个,其中后 37 个都是最近 60 多年里用计算机寻找出来的。目前已知的梅森素数之 p 值依次为:2,3,5,7,13,17,19,31,61,89,107,127,521,607,1 279,2 203,2 281,3 217,4 253,4 423,9 689,9 941,11 213,19 937,21 701,23 209,44 497,86 243,110 503,132 049,216 091,756 839,859 433,1 257 787,1 398 269,2 976 221,3 021 377,6 972 593,13 466 917,20 996 011,24 036 583,25 964 951,30 402 457,32 582 657,37 156 667,42 643 801,

43 112 609，57 885 161，74 207 281。这些梅森素数中，最后一个发现于 2015 年 9 月，它是一个 22 338 618 位数，比 3 后面接上 2 2338 618 个零还要大！与它相对应的完全数显然更大，它到底有几位数字？读者可以根据这里给出的数字作出自己的估算。

马林·梅森

马林·梅森(1588—1648)，法国神学家、数学家、音乐理论家。

梅森是一位生活在巴黎的天主教神父，同时也热心于科学研究，是一位有造诣、有影响的科学家。从 1626 年起，他把自己的修道室办成了科学家的沙龙，经常和笛卡儿、费马等数学家在修道室聚会，讨论数学、力学、声学以及音乐等方面的问题，他的修道室因此被称为"梅森学院"。他在 1644 年出版《物理数学随感》，其中讨论了著名的"梅森数"。而在《宇宙和谐》一书中，梅森为后人留下了关于他那个时代乐器的珍贵史料。

约翰内斯·开普勒

约翰内斯·开普勒(1571—1630),德国天文学家、数学家。开普勒是17世纪科学革命承上启下的关键人物。他最为人知的成就是关于行星运动的开普勒三大定律。开普勒的《新天文学》《世界的和谐》等著作对牛顿影响极大,其三大定律更是为牛顿发现万有引力定律奠定了基础。

开普勒的行星运动三大定律

开普勒第一定律,也称椭圆定律、轨道定律:每一个行星都沿各自的椭圆轨道环绕太阳,而太阳则处在椭圆的一个焦点中。

开普勒第二定律,也称等面积定律:在相等时间内,太阳和运动着的行星的连线所扫过的面积都是相等的。这条定律,实际揭示了行星绕太阳公转的角动量守恒规律。

开普勒第三定律,也称周期定律:各个行星绕太阳公转周期的平方和它们的椭圆轨道的半长轴的立方成正比。从这条定律可以推导出:行星与太阳之间的引力与半径的平方成反比。这是艾萨克·牛顿的万有引力定律的一个重要基础。

开普勒猜想

在一个大容器中装填大小相同的小球,怎么排列才能使装入的小球最多? 开普勒猜测说,水果摊上橘子堆叠的方式就是一种最佳的小球排列方式。最佳装填方式中,小球体积占比为 $\pi/\sqrt{18}$(注:最常见的有"面心立方"和"六方最密"堆积两种,它们的平均密度一样。)

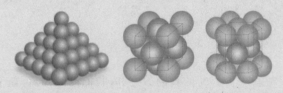

从 1998 年到 2014 年,托马斯·黑尔斯提出并逐步完善了对开普勒猜想的证明。他的证明利用计算机进行巨量计算,是计算机辅助证明的著名例子之一。

开普勒的"迷信"

在开普勒之前 2000 年,古希腊人就已经知道正多面体只有五种,即正四面体、正六面体、正八面体、正十二面体以及正二十面体。开普勒曾经迷信地认为这与太阳系有"五大行星"(金、木、水、火、土)必然有关系。他用五个正多面体的内接球、外切球相互套叠,给出水、金、地、火、木、土的轨道模型。但由于与行星运动的实际数据相差过大,开普勒后来不得不放弃了这种联系。

考虑一个数 N 的真因数之和,我们已经知道,如果这个和等于 N 自己,则 N 称为完全数。而如果这个和小于 N 自己,则我们称这个数 N 为一个"亏数";反之,当这个和超过 N 自身时则称之 N 为"盈数"。由于完全数的稀有,乐于探索数字中奥秘的人们展开了对这两类数的研究。目前,对这两类数的研究热潮已经过去,但人们也已经得到了一些有趣的结果。

关于盈数,人们首先发现一条非常容易证明的性质:一个完全数乘以任何一个大于 1 的数所得到的结果必然是盈数。因此,很显然盈数有无穷多个。

由于目前已知的完全数都是偶数，因此上面的性质给出的无穷多个盈数都是偶数，其中最小的盈数是 12。那么，有没有奇的盈数呢？有的话有多少？这样的问题也非常简单，只要避开偶因子 2，尝试用小的奇素数去构造，我们不难找到奇盈数——考察真因数的构成可以发现：形如 $3^k \times Q$ 的奇盈数中，k 至少必须等于 2，而 Q 至少需要有两个不同的奇素数因子。因此，最小的奇盈数是 945，它等于 $3 \times 3 \times 5 \times 7$。

接着人们发现：盈数的任何整数倍都是盈数。因此，奇的盈数也有无穷多个，因为仅能够被 3 整除的奇盈数就有无穷多个。所以，人们接下来考虑：既不是 2 的倍数也不是 3 的倍数的盈数是什么样的？这个问题解决起来也比较困难，答案是 5 391 411 025，它是 $5 \times 5 \times 7 \times 11 \times 13 \times 17 \times 19 \times 23 \times 29$。

关于亏数也有几个有趣的结论。很显然，所有的素数都是亏数，素数的正整数次方也是亏数，因此亏数也有无穷多个。此外，任何完全数的真因数都是亏数，任何亏数的真因数也都是亏数。

给定一个自然数 N，如果我们把 N 所有真因数的和记

为 $s(N)$，则 N 为完全数的充分必要条件就是 $N=s(N)$。由于完全数相当罕见，古人很早就开始考虑这样的数对 M 和 N，它们满足条件：

$$N=s(M)，$$

$$M=s(N)。$$

即两个数相互等于对方的真因数之和。这样的一个数对，数论爱好者称之为一对"友好数"或"亲和数"。

第一对友好数在毕达哥拉斯时代就已经为人所知，它们是：220 与 284。对这样的第一对，我们做一点详细的计算：因为 $220=2\times2\times5\times11$，它的全部真因子是：

$$1,2,5,11,2\times2,2\times5,2\times11,$$

$$5\times11,2\times2\times5,2\times2\times11,2\times5\times11。$$

所以，它的真因子总和等于：

$$1+2+5+11+4+10+22+55+20+44+110=284。$$

284 更简单，它等于 $2\times2\times71$，全部真因子只有 $1,2,71$，$2\times2,2\times71$ 共五个，而它们的和恰好就等于 220。

然而，此后将近两千年时间里人们仅发现了少数几对友好数，著名的只有费马发现的 17 296 和 18 416，以及笛卡尔发现的 9 363 584 和 9 437 056。

第一次突破是欧拉做出的,他给出了关于友好数构造的公式,并且在 1750 年同时公布了数十对友好数! 其中最小的两个是 2 620 和 2 924,以及 5 020 和 5 564。

在欧拉引起轰动之后到现代计算机发明前夕这大约 200 年时间里,已知的友好数的数目增加到 390 个。而计算机的出现让发现友好数的速度大大加快,截至目前,已知的友好数的数目已经超过 10 亿个。

细心的读者可能已经注意到,上面所列出的友好数对都是偶数对,那么有没有奇数构成的友好数对? 有没有一奇一偶的友好数对? 第一个问题的答案是"有",而第二个问题目前还没有答案。最后,友好数对是不是有无穷多个? 这个问题目前也还没有得到解决。

毕达哥拉斯

毕达哥拉斯(约前 570—前 495),古希腊哲学家、数学家和音乐理论家,毕达哥拉斯学派的创立者。

毕达哥拉斯学派认为数学可以解释世界上的一切事物,甚至提出"万物皆数"的观点。此外,毕达哥拉斯第一次提出大地是球体的观念。

毕达哥拉斯也以西方称为"毕达哥拉斯定理"的勾股定理闻名。勾股定理虽然在公元前2000多年就已经为巴比伦人所知,但现存可靠的证明是毕达哥拉斯学派首先做出的。

毕达哥拉斯学派崇拜数字及其比例,曾用简单比例研究乐律,提出"和弦"的概念以及著名的"五度相生律"。"五度相生律"与我国传统的"三分损益法"是等价的,在十二平均律出现之前的2000年间,它是音乐界占主导地位的乐律系统。

第 3 章

数与素数

这回我们先来介绍一个定理:算术基本定理。所谓"算术基本定理",即一个数可以被分解成一系列素数的乘积,本质上这种分解是唯一的。"本质上"的意思是说——例如,我们不区分 $2\times5\times2$ 与 $2\times2\times5$,把它们看作是相同的关于 20 的因子分解。这样的话,没有人能够用其他素数,比如 3 或者 7,与其他素数的乘积得到 20 这个数。这对于相对小的数是很明显的,但定理说它对所有数都成立,无论数的大小。这个定理极为重要,值得我们谈一谈它的证明。

在证明这个定理之前,我们需要另外两个定理,我们把它们称为"引理"。有些人调侃地把引理称为"定理证明中的难点",这话很多时候是符合事实的。如果一个定理的证明需要某个复杂而困难的推证,它常常被分离出来,作为"引理"单独讨论。

如果两个数除了 1 之外没有其他公共因数,则我们称它们为"互素"的。互素的数本身未必是素数,$15＝3×5$ 和 $49＝7×7$ 都是合数,但它们除了 1 之外没有其他公因数,因而它们就是互素的。

引理 1. 如果若干个数都与同一个数 A 互素,则它们的乘积也与 A 互素。

这个引理从互素的定义出发就可以证明:因为这若干个数的相乘不会产生原先没有出现的素因数,因而它同样与 A 没有除 1 之外的公因数。

引理 2. 如果若干个数的乘积可以被某个素数 p 整除,则这些数中至少有一个可以被 p 整除。

应用引理 1,则这个引理可以用反证法来证明:假设若干个数的乘积可以被素数 p 整除,但这些数却都不可以被 p 整除。那么,这些数每一个都与 p 互素,因此据引理 1,它们的乘积也与 p 互素——这就产生矛盾了。

有了这两个引理,我们现在可以来证明如下的"唯一分解定理"了:

定理(唯一分解定理)每一个合数 N 都可以表示成素数的乘积,这种表示本质上是唯一的。

假设 N 有两种因数分解式,也就是说,N 可以写成两种素数乘积的表达式:

$$N = p_1 \times p_2 \times \cdots \times p_m = q_1 \times q_2 \times \cdots \times q_n。$$

当然,我们现在还不能假设以上两种因数分解方式的因数个数一样多,也就是说,我们并不能肯定地说 $m = n$。然而,由于 q_1 是 $p_1 \times p_2 \times \cdots \times p_m$ 的因子,而 $p_1, p_2, \cdots, p_m$ 都是素数。因此根据引理 2,q_1 必然等于 $p_1, p_2, \cdots, p_m$ 中的一个,因此我们不妨说 $q_1 = p_1$——因为必要时我们可以重新编排 $p_1, p_2, \cdots, p_m$ 的下标。现在,将 N 的两个因数分解式都约去 q_1,则得到的等式

$$p_2 \times p_3 \times \cdots \times p_m = q_2 \times q_3 \times \cdots \times q_n。$$

重复以上过程,则当所有的 q 都被约去之后,由相等的关系可知 p 当然也被全部约去。也就是说,我们证明了 N 的不同因数分解间的素数因子是相互一一对应的。这,就是“唯一分解定理”的意思。

由于每一个数(大于 1 的自然数)要么是素数,要么可以唯一分解成的不可再分解的素因数的乘积,因此素数看起来具有某种本质的重要性:它们似乎是数的根本性的构

成部件。如果它们确实是数的构成部件,并出现在很多的公式之中,人们可能期望所有的关于数的问题都可以用素数来表述。不幸的是,这在现实中远远不可能做到。看起来很多数的奥秘似乎深藏在一些关于素数的理论问题之中,但是我们并没有能够找到解决的办法。其中的有些问题是非常本质的,以至于连顶级的数论专家都开始怀疑它们可能事实上是没有解决办法的。也许,也许人们提出的是错误的问题,一些被认为重要的素数性质有可能实际上是偶发的、非本质的,甚至是"无意义的"。关于这点,我们以后有机会将会再回头来讨论。

为什么 1 不算是素数?

我们谈到,每个自然数都可以唯一地写成素数的乘积。如果我们把 1 算作素数,那么这个定理就不成立了。例如,6=2×3=1×1×2×3。1 如果算作是素数,自然数就可以写成多种"素数"的乘积方式。这显然引起不必要的混乱和不方便。因此,1 被单独划分成一类。换句话说,根据素因数的情形,自然数可以分成 1,素数和合数三类。

关于 1 和 0

任何数乘以 1 都不会改变它的值, 就是说, 对任何数 x, 我们有 $x \cdot 1 = 1 \cdot x = x$。用数学术语来说, 1 是乘法的"单位元"。相似地, 0 是加法的单位元。

有些书会把 0 当作自然数, 这是很不"自然"的。因为, 直至中世纪西方才从阿拉伯人那里接受从印度传播出来的观念, 逐步把 0 看作是一个普通的数。而在这之前 1000 多年, 自然数早已是古希腊数学中最重要的研究对象。

给定两个数, 人们常常有兴趣探讨它们是不是存在公因数, 如果存在的话, 公因数是什么? 解决这个问题的一个方法是: 把这两个给定数都写成素因数分解式, 然后比较它们的素因数。然而, 欧几里得提出了一个更好的办法, 称为"欧几里得算法"。这个算法不仅给出两个数的某些公因数,而且得出所有的公因数的乘积,即最大公因数,或称为"最大公约数"。

欧几里得算法在中文文献中通常称为"辗转相除法",这是《九章算术》里使用的称呼。湖北江陵张家山在 1983 年出土了有一部名为《算数书》的数学著作,这部书中出现了辗转相除法,把这个算法在中国出现的时间至少推前至公元前 200 年。而根据我们对战国晚期中国数学传承的分析,辗转相除法应该是由墨家在战国初期提出的。因此,它在中国与古希腊出现的时间基本相当,所以我们在后文中沿用"辗转相除法"这个中国式的术语。

辗转相除法的算法基础是这样一个简单的事实:如果两个数有公因数 p,即两个数都被 p 整除,则它们的差也可以被 p 整除。换句话说:假如两个数都是 p 的倍数,分别记为 $a \cdot p$ 和 $b \cdot p$,那么它们的差 $(a-b)p$ 当然也是的倍数。

我们用这个算法来计算 114 与 30 的最大公因数。这两个数的差是 84,因此这两个数的最大公因数同时也整除 84,因而它也是 84 与 30 的最大公因数。现在,84 与 30 的差等于 54,所求的公因数当然也整除 54,因而也是 54 与 30 的公因数。再次作减法,$54-30=24$。接下来,$30-24=6$,

24－6＝18,18－6＝12,12－6＝6,6－6＝0。最后得到零时的那个数 6,这就是 114 与 30 的最大公因数。

我们在这里作两点说明。首先,这个算法有一个捷径。我们三次从 114 中减去 30 才得到 24 这个比 30 小的数,而用除法求这个数则要快捷得多,这和乘法是重复的加法是一样的道理。将 114 除以 30,所得的余数即是 24,这个余数就是下一个除数。欧几里得与中国古人都是这样做的,这个做法可以写成:

$$30 \overline{)114}$$

商为 3,余数为 24

$$24 \overline{)30}$$

商为 1,余数为 6

$$6 \overline{)24}$$

商为 4,余数为 0,停止计算。

第二点说明更为重要:我们为什么因为得到的余数为零,就知道 6 是我们要求的最大公因数? 这是因为,假如余数不等于零,则说明除数本身不是余数的因数。我们知道,所求的公因数同时是被除数与除数的因数,而除数的最大因数是除数本身,因此在除数恰好可以整除被除数的时候,我们也就得到了最大的公因数,所以我们立即停止计算。而说这个公因数就是最大公因数的原因,是因为假如存在更大的公因数,那么这个辗转相除的算法必然会在更早的阶段结束。

我们前文指出 15 和 49 是互素的,这同样可以用辗转相除法证明:

$$15 \overline{)\ 49}$$

商为 3,余数为 4

$$4 \overline{)\ 15}$$

商为 3,余数为 3

$$3 \overline{)\ 4}$$

商为 1,余数为 1

$$1 \overline{)\ 3}$$

商为 3,余数为 0,停止计算,最大公因数等于 1。

对古人而言,得到一个数的因数分解并非易事,而辗转相除法不依靠对任何一个数的因数分解就可以得到两个数的最大公因数,因此它是一个具有重要意义的算法。

张家山汉简《算数书》

《算数书》是 1983 年中国考古学家在湖北江陵张家山汉代古墓中发现的竹简。经考证,《算数书》成书于西汉初年吕后时期(前 202—前 186),比通行版本的《九章算术》要早数百年。

《算数书》是秦朝下层官吏学习基层管理所用数学知识的书本内容的撮抄,它的内容比《九章算术》简略,但涵盖了除了"方程章"以外《九章算术》的其他所有内容。《算数书》与此后发现的岳麓秦简《数》,以及北大秦简《算书》一起,改写了中国古代数学史。这三部竹简证明:《九章算术》的内容形成于战国时期的秦国,它由秦国基层官吏所用的数学教材汇编整理而成。有些研究者认为,这些数学知识经过墨家的严格证明,而墨家取得的数学成就与古希腊大致相当,其年代也基本相同。

《九章算术》共分方田、粟米、衰分、少广、商功、均输、盈不足、方程、勾股九章,由西汉初年的张苍和西汉后期的耿寿昌整理成书,后由三国时的刘徽及唐初的李淳风分别注释。《九章算术》是先秦数学的总结性、系统性著作,在中国和世界数学史上占有重要的地位。

我们来天马行空、脑洞大开,提出这样一个的问题:如果我们随机选取两个自然数,那么它们互素的概率有多大呢?如果你能够找个办法,把"所有"的自然数放在一个巨大的搅拌机里搅匀,然后从中取出两个数,你觉得这两个数互素的机会大,还是有(除1之外的)公因数的机会大呢?乍一看,这个问题似乎困难到无法解决,而这恰恰是我们提这个问题的原因。

问题的第一个难点是"所有"。从"所有"自然数中随机选取任意两个数,这究竟是什么意思?这里的"所有"并不具有实际可操作性,因为我们事实上不可能把"所有"自然数放到一个巨大的搅拌机里。我们想到两个替代办法。首先,我们可以想象从所有正整数的集合中随机掉出来两个数这样的情景。但这种想象并不让人满意,很多数学家非常不满意,因为让自然数"随机掉出来"是很难做到的。因此我们转向第二个想法:对自然数的开始部分考察这个问题,例如先考虑1到100,考察从中随机选取两个数为互素的概率问题。然后,接着考虑1到1 000,如此等等。在这样做了少数几步之后,我们会发现问题的答案很快就呼之欲出,或者像数学家所说的,趋向于一个极限。对我们这个问题,极限的收敛速度相当快。

在攻克上述问题之前,我们必须武装自己,我们需要的武器包括概率论的一些基本思想及原理等数学知识。

一个事件获得成功结果之方式的总数,除以所有可能结果的总数,称为这个事件成功的概率。例如,抛掷一枚硬币的试验会得到正面与反面两种结果。如果以抛得正面为成功,则所有结果中只有一种是成功的,因此一次抛掷硬币获得正面的概率是1/2。另一方面,一个骰子有六面,因此一次抛掷骰子试验得到1点的概率为1/6。当然,在这里,我们假定试验所用的硬币和骰子都是匀称的,不是搞怪的硬币和出老千的骰子。

因为一次试验的结果只可能是成功或者不成功,因而成功与失败方式的总和等于试验的可能结果的总数。所以,如果 p 是成功的概率而 q 是失败的概率,则有

$$p+q=\frac{成功方式总数}{可能结果总数}+\frac{失效方式总数}{可能结果总数}$$

$$=\frac{成功方式总数+失效方式总数}{可能结果总数}=1。$$

此即是说:

$$p+q=1,或者\ q=1-p。$$

接下来,我们需要了解"独立事件的联合概率"。如果一次抛掷硬币抛得正面的概率是 1/2,那么抛掷两个硬币得到两个正面的概率是多少?倘若我们把两个硬币放在杯子里摇一摇,然后抛到桌面上,则我们认为两个硬币掉下来的方式之间是相互独立的。所以,如果我们简单地考虑这种抛掷可能得到的结果,总共有三种结果:

正面和正面,正面和反面,反面和反面。

由于"正面和正面"是唯一的成功结果,因此抛掷两枚硬币

得到两个正面的概率是不是就等于1/3？不是！当然，您也发现错了。因为事实上，可能的结果还有一种是"反面和正面"，这与"正面和反面"是不同的，只要给两个硬币标上记号我们就全都明白了。所以说，正确的答案不是1/3而是1/4。

做"抛掷两枚硬币"实验的另一种方法是：将硬币抛掷一次并记录其结果，然后捡起来再做一次。一次抛掷得到正面的概率是1/2，而在第一次为正面的基础上，连第二次的概率也得到正面的概率就是：$1/2 \times 1/2 = 1/4$。

那么抛掷三枚硬币，或者一枚硬币连续抛掷三次，得到三个正面的情况又如何呢？其可能的结果是：

反反反，反反正，反正反，反正正，

正反反，正反正，正正反，正正正。

由于只有"正正正"是成功的结果，因此所求概率等于1/8。

从以上思考可以导出"联合概率法则"：n个"独立事件"的联合概率等于这些事件概率的乘积。对抛掷三枚硬币的问题，我们可以将1/2相乘三次，从而得到1/8的结果。

解答我们本节提出的概率问题,最有力的武器是如下惊人的结果:

$$\left(1+\frac{1}{2^2}+\frac{1}{3^2}+\frac{1}{4^2}+\frac{1}{5^2}+\cdots\right) \cdot \left(1-\frac{1}{2^2}\right)\left(1-\frac{1}{3^2}\right)$$

$$\cdot \left(1-\frac{1}{5^2}\right)\left(1-\frac{1}{7^2}\right)\left(1-\frac{1}{11^2}\right)\cdots=1。$$

第一个括号内是所有自然数倒数的平方和。这个无穷级数的收敛性可以用《大学数学》一年级的知识来证明,事实上它收敛于 $\pi^2/6$。遗憾的是,我们不能在这本小书里介绍证明这个有趣结论所必需的数学工具。但是,请亲爱的读者相信我们的话,因为我们需要这个结果。

在最左边这个无穷级数表达式之后的每一个因子,都是"1 减去素数平方的倒数"的形式,因此上述等式的左边是一个无穷乘积。为了说明这个无穷乘积的结果确实等于 1,我们来作乘法运算:

$$\left(1+\frac{1}{2^2}+\frac{1}{3^2}+\frac{1}{4^2}+\frac{1}{5^2}+\frac{1}{6^2}+\cdots\right)\times\left(1-\frac{1}{2^2}\right)$$

$$=\left(1+\frac{1}{2^2}+\frac{1}{3^2}+\frac{1}{4^2}+\frac{1}{5^2}+\frac{1}{6^2}+\cdots\right)+$$

$$\left(-\frac{1}{2^2}-\frac{1}{4^2}-\frac{1}{6^2}-\cdots\right)$$

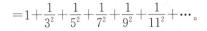

$$= 1 + \frac{1}{3^2} + \frac{1}{5^2} + \frac{1}{7^2} + \frac{1}{9^2} + \frac{1}{11^2} + \cdots 。$$

显而易见，$\left(1 + \frac{1}{2^2} + \frac{1}{3^2} + \frac{1}{4^2} + \frac{1}{5^2} + \cdots\right)$ 乘以 $\left(1 - \frac{1}{2^2}\right)$ 的结果

是：无穷级数中所有偶数平方的倒数都被去掉了。接下来：

$$\left(1 + \frac{1}{3^2} + \frac{1}{5^2} + \frac{1}{7^2} + \frac{1}{9^2} + \frac{1}{11^2} + \cdots\right) \times \left(1 - \frac{1}{3^2}\right)$$

$$= \left(1 + \frac{1}{3^2} + \frac{1}{5^2} + \frac{1}{7^2} + \frac{1}{9^2} + \frac{1}{11^2} + \cdots\right) + \left(-\frac{1}{3^2} - \frac{1}{9^2} - \frac{1}{15^2} - \cdots\right)$$

$$= 1 + \frac{1}{5^2} + \frac{1}{7^2} + \frac{1}{11^2} + \frac{1}{13^2} + \frac{1}{17^2} + \cdots 。$$

显然，只要分母是 3 的倍数的平方，则它们现在也从无穷级

数中消失了。我们不需要用乘以 $\left(1 - \frac{1}{4^2}\right)$ 来去掉级数中所

有分母是 4 的倍数平方的项，因为它们已经在乘以

$\left(1 - \frac{1}{2^2}\right)$ 时被去掉了。也就是说，我们只需要考虑接下来

的素数，即接着乘以 $\left(1 - \frac{1}{5^2}\right)$，$\left(1 - \frac{1}{7^2}\right)$，如此等等。这样接

着乘几步，我们就知道乘积的结果等于 1 加上一个很小的

数，而且这个小数随着步数的增加越变越小。事实上，只要

乘积的步数足够，我们可以让这个小数任意地小。数学家

们概括说，以上无穷乘积依次乘有限步之后的所得称为"部

分积",无穷乘积的意思是部分积的极限,而这个极限等于1。

这样,我们就可以说,

$$\left(1-\frac{1}{2^2}\right)\left(1-\frac{1}{3^2}\right)\left(1-\frac{1}{5^2}\right)\left(1-\frac{1}{7^2}\right)\cdots$$

$$=1/\left(1+\frac{1}{2^2}+\frac{1}{3^2}+\frac{1}{4^2}+\cdots\right)$$

$$=6/\pi^2$$

现在,我们终于做好了攻克本段最初提出的问题的准备。我们只要把以上这些数学武器都亮出来,攻克之役就相当容易了。

令 m 与 n 为任意给定的两个自然数,而 a 为任意素数。由于每隔 a 个自然数就恰有一个可以被 a 整除,因而所有自然数的 $1/a$ 是可以被 a 整除的。也就是说,m 恰好被 a 整除的概率是 $1/a$。同理,n 可以被 a 整除的概率也是 $1/a$。这样一来,m 与 n 同时可以被 a 整除的概率是 $1/a \times 1/a$。因此,a 不能同时整除 m 和 n 的概率等于 $\left(1-\frac{1}{a^2}\right)$。

m 和 n 互素的意思是它们没有公因子,即它们不被任

何一个素数同时整除。根据联合概率法则，m 和 n 互素的
概率等于所有形如 $\left(1-\dfrac{1}{a^2}\right)$ 的数的乘积，其中的 a 取遍所有
的素数。此即：

$$P=\left(1-\frac{1}{2^2}\right)\left(1-\frac{1}{3^2}\right)\left(1-\frac{1}{5^2}\right)\left(1-\frac{1}{7^2}\right)\cdots=6/\pi^2。$$

容易算出，这个数约等于 0.607 9。如果我们考虑从某
个有限的自然数集中随机选取两个数，并相应计算其互素
的概率，则我们会发现，随着数集规模的增大，这个概率会
很快地逼近 0.607 9。

我们用了很长的篇幅讨论这个问题，它告诉我们这样
一个现象：一个问起来很简单的问题可能需要涉及其他领
域才能得到解决。我们这个问题涉及的是两个数的公因
子，其解答却需要不少初等数论之外的数学。我们需要探
究概率论，需要知道关于无穷级数和无穷乘积的收敛问题，
并且需要黎曼 zeta 函数的一个值——这是那个收敛于 $\pi^2/6$
的级数的技术性名称。

大学课堂趣闻

四十多年前,华威大学数学教授汉米尔顿在上概率论课时,当场表演掷硬币,他说:"掷硬币的结果无非是正面和反面,两种情形的概率相同,都是 50%。"然后,他掏出一枚硬币,抛向空中,结果……落下的硬币直挺挺地竖立在教室的地板上!在全班学生的哄笑声中,汉米尔顿教授一本正经地说:"这种情况出现的概率只有十亿分之一,完全可以忽略不计……"

随机变量

掷硬币和掷骰子都只有有限的几个可能结果,它们是"离散型"随机变量。随机变量的可能取值是一段连续区间时,它就是"连续型"随机变量。

掷硬币出现正面和反面的概率都是 $1/2$,掷骰子出现任一点数的概率都是 $1/6$。连续型随机变量概率的情形是以"分布曲线"形式来描述的,正态分布也称"高斯分布",是最常见、应用最广泛的连续型概率分布,它的曲线是"正态分布曲线",俗称"钟形曲线":

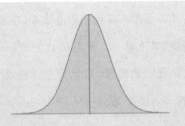

假设一个面包店以每条面包重量一公斤为基准制作面包,但制作中会出现随机误差。那么,称量这个面包店很多很多面包,将不同重量的出现频率画在纸上,就会近似地画出一条以一公斤为最高点的钟形曲线。

庞加莱轶事

庞加莱保持着法国传统生活习惯,他每天早上都到家门口的面包店买一条一公斤重的面包。特别的是,他每天都称他所买的面包并作了记录。过了一年,他的记录给出了一条钟形曲线——正态分布曲线,而平均重量(位于曲线的中点)只有 950 克。于是,庞加莱叫来警察,警察看了记录之后,对面包店小老板下达了整改警告。又过了一年,庞加莱又叫来了警察,说面包店没有做出整改。面包店老板疑惑地说:"整整一年,我们都挑大的面包给他,他怎么知道我没有整改?"庞加莱拿出记录,只见图形是半条正态分布曲线,只有从 950 克起的右半边!这证明,他所得到的面包是挑选的结果,而把面包店所有面包考虑在内的话,则情形与去年完全一样,平均分量只有 950 克。

在上一小节中,我们假定了一件没有证明过的事:素数有无限多个。因而上文乘积式 P 中形如 $\left(1-\dfrac{1}{a^2}\right)$ 的因式有无限多个,乘积永远不会结束。这我们是怎么知道的? 我们怎么知道素数不会被穷尽?

证明一个集合有无穷多个元素的方法之一是:给出一个规则或规律,使得对任何一个给定的元素,按照这个规则或规律可以找出一个更"大"的元素(通常是下一个)。正整数集是无穷集合,因为对一个已知的正整数 N,无论它有多大,$N+1$ 总是一个更大的正整数。

对于素数而言,人们在目前的知识水平上还没有能够作出这种构造性的证明。如果能找到一个只产生素数的公式，甚至仅仅是一个递推关系，那将是一件很令人振奋的事情。遗憾的是，这只是一个奢望。然而无论如何，我们还是能够证明存在无穷多个素数，方法是设法证明不存在最大的素数。其原理在于：任何一个有限的数集必定存在最大数。

证明的方式是反证法。我们暂且假设素数集合中存在最大数，记为 N。然后，考虑正整数 $Q=N!+1$。这里，符号 "$N!$" 称为 "N 的阶乘"，意思是

$$N\times(N-1)\times(N-2)\times\cdots\times3\times2\times1。$$

例如，$5!=5\times4\times3\times2\times1=120$。现在考察 $5!+1$，它显然不能被 $2,3,4,5$ 中的任何一个所整除，因为所得的余数都是 1。原因很显然：$5!$ 是 $2,3,4,5$ 的整数倍。因此，我们现在只有两种可能的结果：或者 $5!+1$ 本身是素数，或者它有比 5 大的素因数。同样的道理，取 $Q=N!+1$，则 N 要么是一个素数，要么被一个比 N 大的素数所整除。而无论是哪一种情况，都证明了一个比 N 大的素数的存在性。这个结果与 "N 为最大的素数" 的假设是相矛盾的，因此我们就证明了：存在无穷多个素数。

　　以上证明所使用的阶乘是一个常用的运算,它有一个人们通常不喜欢的特点:增长得太快。例如,10! ＝3 628 800,已经是一个超过 300 万的数字。因此,不喜欢最大素数的阶乘这种大数的人,更喜欢用另一种修正版的反证法来证明素数有无穷多个这一事实。具体的论证过程是这样的——假设素数只有 N 个,那么我们就可以给它们编号排序,将它们依次记成 p_1,p_2,p_3,$\cdots p_N$。然后,我们取 $Q＝p_1 \times p_2 \times p_3 \times \cdots \times p_N＋1$,则任何 Q 的素因数都不可能等于 p_1,p_2,$\cdots$,p_N 中的任何一个。因此,存在着前述 N 个素数之外的素数,这与素数只有 N 个的假设相矛盾。

　　我们刚说过目前没有产生所有素数的公式。如果能找到性质较差的公式,例如只产生素数的公式——"只产生素数"与"产生所有素数"差别巨大——数学家们也会感到高兴。费马曾经认为他找到了一个:

$$F_n＝2^{2^n}+1。$$

这个公式产生的数称为"费马数"。把 $n＝0,1,2,3,4$ 依次代入公式,可得:

$$F_0＝2^{2^0}+1=3,$$

$$F_1 = 2^{2^1} + 1 = 5,$$

$$F_2 = 2^{2^2} + 1 = 17,$$

$$F_3 = 2^{2^3} + 1 = 257,$$

$$F_4 = 2^{2^4} + 1 = 65\ 537。$$

确实,以上这些全部都是素数。然而规律马上就被打破,因为

$$F_5 = 2^{2^5} + 1 = 4\ 294\ 967\ 297$$

是一个合数。费马没有找出这个数的素因数并不让人奇怪,它的素因数只有两个:641 与 6 700 417。人们花了大量时间研究更大的费马数,但迄今为止还没有发现其他任何一个为素数。

读者们可能会好奇地想:费马为什么会提出那么一个式子呢?其中有什么数学上的理由?而 F_5 是合数这一事实在没有计算机的年代是怎么被发现的?对这些问题,我们可以根据一些数学知识和文献线索来解读。

费马是 17 世纪的一个法国律师,也许是业务不多,也许是他太喜欢数学,反正他花了很多业余时间在研究数学问题。我们猜测,他在研究产生素数的公式时,首先发现 3、5、17 分别是 F_0、F_1、F_2 的形式,因此产生考察形如 $2^m + 1$ 的公式的念头。

然而,形如 $a^m + 1$ 的二项和,当 $m = 2k+1$,即大于 1 的

奇数时,我们有因式分解公式:

$$a^{2k+1}+1=(a+1)(a^{2k}-a^{2k-1}+a^{2k-2}\cdots-a+1)。$$

因此,2^m+1 如果是素数,则它的指数 m 不能是奇数,也不能有奇数因数。也就是说,如果 2^m+1 是素数,那么它的指数只能是 2 的某个次方!大概正是因此,费马才决定考察形如 $2^{2^x}+1$ 的数。而当他认真验算了 F_3 和 F_4 之后,他当然倍受鼓舞,因而信心满满地提出了他的公式。

然而,$F_5=2^{32}+1=4\ 294\ 967\ 297$,它对古人而言太大了,寻找它的因数是一件很困难的事情,所以费马没有能够做到。据说,第一个对 F_5 作出因数分解的是伟大的欧拉。那么,欧拉是怎么作出因数分解的呢?文献记载,他用了如下高超而有趣的技巧:

$$
\begin{aligned}
2^{32}+1 &=16\times2^{28}+1\\
&=(5\times2^7+1-5^4)\times2^{28}+1\\
&=(5\times2^7+1)\times2^{28}-(5^4\times2^{28}-1)\\
&=(5\times2^7+1)\times2^{28}-[(5\times2^7)^4-1]\\
&=(5\times2^7+1)\times2^{28}-(5\times2^7-1)(5\times2^7+1)[(5\times2^7)^2+1]\\
&=(5\times2^7+1)[2^{28}-(5\times2^7-1)(5^2\times2^{14}+1)]。
\end{aligned}
$$

就这样,欧拉得到:

$$F_5 = 2^{2^5} + 1 = 641 \times 6\,700\,417。$$

至于 $6\,700\,417$ 是不是素数,欧拉似乎没有给出答案,但后人证明了它是,因而欧拉实际上得到了 F_5 的完全因数分解。

欧拉的证明技巧显然受到他自己证明的一个定理的启发,他证明:如果某个 F_n 不是素数,那么它的素因数一定是形如 $k \times 2^{n+1} + 1$ 的数。后来,一位名为卢卡斯的数学家把这个素因数的形式改进为 $k \times 2^{n+2} + 1$。基于这个定理,后来研究费马数的数学家们用高深的数论知识和技巧证明了很多费马数都是合数。例如:

$$F_{12} = 2^{2^{12}} + 1 = (7 \times 2^{14} + 1) \times 某数,$$

$$F_{23} = 2^{2^{23}} + 1 = (5 \times 2^{25} + 1) \times 某数。$$

上一章我们提到两个产生若干个素数的公式,它们是:

$$Y = x^2 - x + 41,$$

$$Y = x^2 - 79x + 1\,601。$$

正如我们所说，对 x 分别等于 41 及 80，以及此后的很多 x 值，这两个公式所算得的不是素数。

事实上，任何多项式都不可能只产生素数。为了证明这一点，我们使用反证法。假设存在一个多项式

$$Q(x) = a_0 + a_1 x + a_2 x^2 + \cdots + a_n x^n。$$

上式中的所有系数都是整数——正整数、负整数或零。系数中的下标都只是记号，而 x 左上方的数则表示次幂，$Q(x)$ 表示将变元以 x 代入时这个多项式的值。我们的反证假设是：对所有的 x，$Q(x)$ 的值都是素数。现在，我们取 $x = b$，记其产生的素数为 p，即 $Q(b) = p$。然后我们来证明，对所有 $m = 1, 2, 3, \cdots, p$ 可以整除 $Q(b + mp)$：

$$Q(b+mp) = a_0 + a_1(b+mp) + a_2(b+mp)^2 + \cdots + a_n(b+mp)^n$$

将右式的括号展开，则有：

$$Q(b+mp) = (a_0 + a_1 b + a_2 b^2 + \cdots + a_n b^n) + \cdots$$

[很多其他项，全部都是 p 的倍数]。

上式的省略号表示展开式中除前面括号之外所有其他的

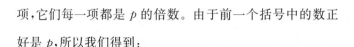

项,它们每一项都是 p 的倍数。由于前一个括号中的数正好是 p,所以我们得到:

$$Q(b+mp)=p+p[\text{另一个关于 } b,m,p \text{ 的多项式}]。$$

由于 m 可以取无穷多个不同的值,这个新的关于 m 的 n 次多项式也有无穷多个相应的值。

由于 $p=c_0+c_1x+c_2x^2+\cdots+c_mx^n$ 是一个 n 次方程,它最多只能有 n 个不同的实根。换句话说,对任何给定的数值 w,任何一个 n 次多项式 $Q(x)$,最多只能有 n 个 x 值使得 $Q(x)$ 的数值恰好等于 w。这样一来,所有 $Q(b+mp)$ 的值中只有有限个恰好等于 p,其他的则不可能与 p 相等。由于 $Q(b+mp)$ 有无穷多个,而且它们都是 p 的整数倍,因此有无穷多个 $Q(b+mp)$ 的值不是素数——这与反证法假设矛盾!这就证明:任何多项式都不可能只产生素数。

由于古人认识到素数是自然数的关键构件,自古以来人们做了很多关于素数的研究,也因此产生了很多关于素数的猜想。由于华罗庚、王元、潘承洞和陈景润的杰出贡献,对我们中国人而言最著名的猜想莫过于哥德巴赫猜想。除此之外,还有另一个中国人做出了杰出贡献的猜想,它就是"孪生素数猜想"!而这个中国人的名字叫作——张益唐。

古人发现有些素数之间"距离"很近,例如 3 和 5,5 和 7,11 和 13,17 和 19 等等,它们之间的差都只有 2。因此,古人把相差为 2 的两个素数称为一对孪生素数。在素数表的开头,孪生素数看起来经常出现。随着素数的增大,孪生素数的出现越来越稀少,但却总能不断地找到。截至 2016 年初,人们发现的最大的孪生素数对是 $3\ 756\ 801\ 695\ 685 \times 2^{666\ 669} - 1$ 和 $3\ 756\ 801\ 695\ 685 \times 2^{666\ 669} + 1$,它们是长达 200 700 位巨大数字。

然而找到的孪生素数对再大,也不能证明孪生素数是否有无穷多对。很久以来,是否存在无穷多对孪生素数,一直是一个悬而未决的问题,而"存在无穷多对孪生素数"这个看似正确却无法证明的猜测,就是著名的孪生素数猜想。

由于这个猜想太难,数百年里都没有人能够解决,因此人们转而考虑相对"容易"的问题。首先，对一个给定的偶数 N，如果数对 $p, p+N$ 是一对素数，那么我们就称它们是一对"N-孪生素数"。据此，一位数学家在 1849 年提出一个相对"容易"的猜想：

存在偶数 N，使得 N-孪生素数有无穷多对。

这个猜想可以称为"广义孪生素数猜想"或"弱孪生素数猜想"。

然而，证明以上这个猜想仍然相当困难，对它的研究在其后的 160 多年里没有出现突破性的进展。让所有人意想不到的是，在 2013 年 5 月，不为数学界所知的数学家张益唐发表了一篇论文，证明了 N 的存在性。通俗地说，张益唐证明：存在一个小于 7 000 万的偶数 N，使得无穷多对形如 $p, p+N$ 的数对为素数对。

虽然 7 000 万是个很大的数字，但它已经证明了弱孪生素数猜想。而如果人们能把 N 降低到 2，那就等于是证明了孪生素数猜想。因此，张益唐的研究成果激发了数论界极高的热情，很多数学家积极投入到降低 N 的上界的研究之中。截至 2014 年上半年，数学界成功地把 N 降低到不大于 246。

张益唐是北京大学数学系78级的学生,1992年在美国获得数学博士学位之后,因为没有获得大学或研究机构的职位而未能成为专业数学家。但是张益唐没有放弃,在困境中仍然把业余的主要精力投入到数学研究中,终于在20多年后一鸣惊人,成为近年来数学界最为引人注目的明星。

亨利·庞加莱

亨利·庞加莱(1854—1912),法国数学家、天体力学家、科学哲学家,在数学及物理学的多个领域都做出杰出的贡献。他是19世纪后期至20世纪初的领袖级数学家,是最后一位对数学和其应用具有全面知识的全能数学家。

关于庞加莱有两件事很突出:一是他提出狭义相对论的时间早于爱因斯坦,二是他在1904年提出"庞加莱猜想",这个猜想在100年后才由俄罗斯数学家佩雷尔曼证明。

格里戈里·佩雷尔曼

格里戈里·佩雷尔曼出生于1966年,是一位俄罗斯数学家。2002到2003年间,佩雷尔曼在网站上张贴三篇论文,证明了百年来悬而未决的庞加莱猜想。

　　然而,此后佩雷尔曼辞掉工作,隐居于俄罗斯乡下,淡出公众视野。2006 年国际数学联合会将有"数学诺贝尔奖"之称的菲尔兹奖授予佩雷尔曼,但他拒绝领奖。此后,美国克莱数学研究所向他颁发 100 万美元"千禧年数学大奖",他同样拒绝接受。

莱昂哈德·欧拉

　　莱昂哈德·欧拉(1707—1783),瑞士数学家、物理学家,是历史上最伟大的数学家之一,他对数学及物理学的发展都做出了全面而杰出的贡献。欧拉是数学史上最多产的数学家,从 19 岁到 76 岁,他在半个多世纪写下难以计数的书籍和论文。早已列入出版计划的《欧拉全集》共84 卷,由于资料浩如烟海,至今尚未全部出版。

　　欧拉的成就是全方位的,几乎每一个数学领域都可以看到欧拉的名字,例如多面体的欧拉定理,空间解析几何的欧拉变换,数论中的欧拉函数,级数论的欧拉常数,微分方程的欧拉方程,变分学的欧拉方程,复变函数的欧拉公式,等等。

第 4 章

同余算术

这一章我们讲"同余算术"。这个话题中最关键的一个概念叫作"模"。在讲授数学之前,我们先轻松一下,说一个关于"模子"的趣味历史故事。

明朝后期有一个很聪明的基层官员叫作杨云才,他在荆州任职时,有一回省政府指示荆州扩建城墙。当工程设计、预算及工期都已经获得批准之后,省政府突然下发文件,命令将城墙在原规划基础上再增厚二尺。工程的主管官员非常着急,因为如果申请增加经费,报批过程将会拖延工期,导致工程无法按时完成,这可是会让他受处分的事情。于是,他召集下属开会商量。会上,杨云才轻描淡写地说:"领导不用着急,我有一个不增加开支的办法,所以我们不需要重新申请经费。"

第二天，杨云才来到承包城墙墙砖生产的砖厂，声称检查工作，让厂长把墙砖模子拿来给他检查。看了两眼后，杨云才指责厂长的模子不合规格，将其狠狠地摔碎在地上。然后，他取出自己预先准备好的模子交给厂长说："你那个模子不行，要照这规格烧制。"厂长察看杨云才的模子，觉得和原先的模子没有什么差别，于是承诺照办。

事实上，杨云才的墙砖模子比正常的尺寸加宽了二分，这光凭肉眼看不出来，但它累积起来的砖块厚度，恰好可以满足省政府增加城墙尺寸的要求！结果，城墙扩建工程如期完成，在没有增加开支的情况下，达到城墙加厚两尺的要求。

我们必须说，上级不改工期而突然下命令的做法是无理的，杨云才是聪明的，但是耍计谋欺骗砖厂是不厚道的。我们讲这个故事，不是赞赏欺骗，而是因为我们下面的数学将从建筑工业里的"模"讲起，所以才先讲一个关于"模"的故事。

建筑工业中其实经常用到同余算术。设计师、建造者甚至木匠和泥瓦匠，他们从来没有研究过数论，却每一天

都在用它——出于纯粹的经济原因，现代工业的工作方法
中引入了曾经是抽象的、纯理论的"模"的记号。

如果一堵预制墙的尺寸是 6 尺，建设者就将这个数作
为"模"，然后在建筑的各个单元寻找适合它的尺寸。建筑
师设计所有墙的长度时，会尽可能使它们成为 6 的倍数。
如果它们符合这个模，那么砖瓦、窗户及建筑的其他各部分
就能以最省事的方式组建到一起。

然而，人们并不总是能以上述这种方式建造房子。假
如木匠在图纸的某处看到一堵 8 尺的墙，又看到另一堵墙
的长度为 14 尺。他明白，在 8 尺墙那儿使用一件 6 尺预制
墙体会有 2 尺的不足，在 14 尺墙处使用两件 6 尺预制墙体
同样也将留出 2 尺的空缺。因此，面对这两种情形，需要处
理的问题是一样的。具体使用了几件预制墙体毫不重要，
那是很容易的事情。重点是那 2 尺的空缺，它不能使用预
制件，只能用某种形式的手工作业来完成。上述两种情况
下木匠面对的是同样的"手工处理 2 尺空缺"的问题，在数
论里这一事实可以记成

$$14 \equiv 8 \,(\mathrm{mod}\ 6),$$

我们这个式子读成"14 与 8 对模 6 是同余的"。余数在这里是很关键的,一旦作为除数的"模"确定下来,两个数同余事实上就是两个余数相等。

在后文中我们将经常应用同余。为了让读者们对同余有更清楚的理解,我们下面再提供另一种阐释方式。

假设一个科学家在做实验,他必须明确实验开始以来所耗去的总时间,所以他使用一个计时器来记录实验时间。我们把实验开始的时刻称作"实验室零点",把实验经过 n 小时后的时刻称作"实验室 n 点",并把这种钟点称为"实验室时间"。假设,当实验耗费的时间达到 38 个小时的时候——即实验室时间 38 点时,他发现自己的手表停了,那么他怎么通过实验室时间推算当时的时间是几点呢?如果"实验室零点"正好是午夜零点,那么问题就很简单:他只要把实验室时间除以 12,则余数是几就是几点。由于 38 除以 12 的余数为 2,因此实验室时间 38 点简而言之就是 2 点。这等于说,38 与 2 对模 12 是同余的:

$$38 \equiv 2 \ (\mathrm{mod} \ 12)。$$

为了搞清楚实验室时间 38 点是一天中的几点,我们并不需要知道 38 除以 12 所得的整商数,只需要知道余数是 2 就可以了。当然,如果想知道这个时间是上午还是下午,那么考虑除以 24 是更好的选择。由于 38 等于 1 倍的 24 与 14 的和,因此 38 与 14 对模 24 同余。这就是说,实验室时间 38 点是午夜过后 14 个小时。由于 $14 \equiv 2 \pmod{12}$,这意味着它对应的时间是下午 2 点。也就是说,我们事实上可以由模 12 方便地得到下午的钟点数。

很明显地,$38 \equiv 2 \pmod{12}$ 的另一个含义是:$(38-2)$ 是 12 的倍数——把余数同时从两个数中减去,则所得的数是模的整数倍。我们因此发现,对任何整数 k,$(38-2) \cdot k$ 也是 12 的倍数。而这等于说,$38k$ 与 $2k$ 对模 12 是同余的,换句话说,就是

$$38k \equiv 2k \pmod{12}。$$

现在我们开始感觉到把同余符号写得与等号相似是有道理的了,因为和等式一样,我们可以在同余式两边乘以同一个数。即是说:

如果 $a \equiv b \pmod{m}$,则有 $ak \equiv bk \pmod{m}$。

在普通的等式中,我们可以将等式与等式相乘,也可以

将两个等式相加。显然，我们应该知道对于同余式这些规律是否成立。

假如 $a \equiv b \pmod{m}$ 与 $c \equiv d \pmod{m}$ 都成立，那么同余式

$$ac \equiv bd \pmod{m}$$

是不是成立？或者说，$ac-bd$ 是不是可以被 m 整除？

由于 $c \equiv d \pmod{m}$ 意味着 $c-d=km$ 对某个 k 成立，因此，

$$
\begin{aligned}
ac-bd &= a(km+d)-bd \\
&= akm+ad-bd \\
&= akm+d(a-b)。
\end{aligned}
$$

而由于 $(a-b)$ 可以被 m 整除，即 $a \equiv b \pmod{m}$，因此 $ac-bd$ 也可以被 m 整除，所以 $ac \equiv bd \pmod{m}$ 成立。

同余式可以相加的证明更加简单：已知对某 j,k，等式 $a-b=jm$ 与 $c-d=km$ 成立，则将二式相加，即有

$$(a+c)-(b+d)=(j+k)m，$$

这意味着

$$a+c\equiv b+d\,(\mathrm{mod}\,m)。$$

下面我们来推导下同余的另一个性质，它的证明比上述两个要优雅。这条性质表述如下：

若 $a\equiv b\,(\mathrm{mod}\,m)$，则 $a^k\equiv b^k\,(\mathrm{mod}\,m)$。

也就是说，我们可以对同余式两边同时取 k 次幂。当然，k 必须是正整数。

证明非常简单：由于 a^k-b^k 总是可以被 $a-b$ 整除，而已知 $a-b$ 可以被给定的模 m 整除，因此 a^k-b^k 也可以被 m 整除——这就是证明的全部。

如果哪位读者不敢相信 a^k-b^k 总是可以被 $a-b$ 整除这一事实，那么就请自己用长除法计算一下 a^k-b^k 除以 $a-b$ 的结果。这个结果是一个 $k-1$ 次"分圆"表达式：

$$a^{k-1}+a^{k-2}b+a^{k-3}b^2+\cdots+a^2b^{k-3}+ab^{k-2}+b^{k-1}。$$

如果有读者对长除法不熟悉，那没有关系，看一看下面这个例子就明白了：

$$\require{enclose}
\begin{array}{r}
a^2+ab+b^2 \\
a-b \enclose{longdiv}{a^3+0a^2b+0ab^2-b^3} \\
\underline{a^3-a^2b} \\
a^2b+0ab^2 \\
\underline{a^2b-ab^2} \\
ab^2-b^3 \\
\underline{ab^2-b^3}
\end{array}$$

作为一种二元关系，同余与普通的相等一样，是一种"等价关系"。意思是说，这种二元关系满足以下三条性质：

（1）自反性：$a\equiv a\ (\mathrm{mod}\ m)$；

（2）对称性：若 $a\equiv b\ (\mathrm{mod}\ m)$，则 $b\equiv a\ (\mathrm{mod}\ m)$；

（3）传递性：若 $a\equiv b\ (\mathrm{mod}\ m)$，且 $b\equiv c\ (\mathrm{mod}\ m)$，则

$$a\equiv c\ (\mathrm{mod}\ m)。$$

将一个数除以 m，包含 0 在内总共只有 m 种可能的余数。如果我们将所有整数——包括正整数、0 以及负整数——用它模 m 的余数来区分，则所有的整数将被分成模 m 的"同余类"或"剩余类"。这将无穷的整数集映射到有限个"等价类"。正因此，同余算术在数论中相当有用。举一个例子，由于 8，15，22，29 等正整数，以及 -6，-13 等负整

数,它们对模 7 都同余于 1,因而属于同一个模 7 的剩余类。换个说法,模 7 同余的运算看起来就是:对给定的数目从 1 数起,数到 7 的时候就从头再来,然后看最后数到的是几。因此,在模 7 同余意义下的算术中,8 与 1 在很多意义上是等价的。

在日常生活中,时钟上的算术就是一个同余算术的例子。每过 12 个小时,我们的计数就从头再来。我们基本上不对钟点数作加法或乘法运算。但如果我们需要做这些运算,则我们需要特殊的加法表和乘法表。然而,这种运算表不会是无穷无尽的,它仅仅是 12×12 的表格。为避免烦琐,我们下面以模 5 为例,列出模 5 的同余运算表:

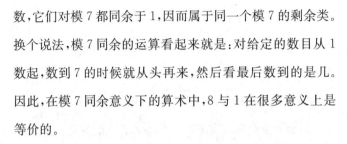

模 5 同余的加法

+	0	1	2	3	4
0	0	1	2	3	4
1	1	2	3	4	0
2	2	3	4	0	1
3	3	4	0	1	2
4	4	0	1	2	3

模 5 同余的乘法

×	0	1	2	3	4
0	0	0	0	0	0
1	0	1	2	3	4
2	0	2	4	1	3
3	0	3	1	4	2
4	0	4	3	2	1

在数论中,人们经常需要面对非常大的数。如果这些

数可以简化为较小但是等价的数,就可以避免很多复杂而费时的劳动,而这正是同余算术的重要贡献之一。我们下面来看几个例子——

例1 试问 999 999 是不是可以被 7 整除?

后面大家会发现这不是一个毫无意义的问题。这个问题当然用除法就可以解决,但这里我们用同余思想来解答:

$$999\,999 = 10^6 - 1,$$

$$10 \equiv 3 \pmod 7,$$

所以 $10^6 \equiv 3^6 \pmod 7$。

但是,$3^6 = (3^2)^3 = 9^3$,而 $9 \equiv 2 \pmod 7$,因此,

$$9^3 \equiv 2^3 \equiv 1 \pmod 7。$$

于是,我们得到

$$10^6 \equiv 1 \pmod 7。$$

这就是说,999 999 可以被 7 整除。

例2 证明:任何奇数的偶数次方与 1 对模 8 是同余的。

模 8 把整数分割成 8 个剩余类。由定义可知,奇数同

120

余于 $1,3,5,7$ 中的一个。以上四数的平方依次是 $1,9,25,$ 49,它们除以 8 的余数都是 1。因此,如果我们将所有这四个可能的同余式两边平方,则得到:任何一个奇数的平方对模 8 同余于 1。由此,任何一个奇的偶数次方对模 8 当然也同余于 1。

例 3　证明:在第 3 章提到的第五个费马数,即

$$F_5 = 2^{2^5} + 1 = 2^{32} + 1,$$

可以被 641 整除。

我们不想计算 2 的 32 次方,这里的证明将避免艰苦的计算——我们以同余为工具:

$$640 = 64 \times 10 = 5 \times 128 = 5 \times 2^7 \equiv -1 \ (\mathrm{mod}\ 641)。$$

将上式两边取四次方,则得

$$5^4 \times 2^{28} \equiv 1 \ (\mathrm{mod}\ 641)。$$

但是 $5^4 = 625 \equiv -16 \ (\mathrm{mod}\ 641)$,这可以写成

$$5^4 \equiv -2^4 \ (\mathrm{mod}\ 641)。$$

由于属于同一个剩余类的数在同余式中可以相互替代(这是同余算术的一个定理,读者可以自己证明),也就是说,由

已知同余式

$$5^4 \times 2^{28} \equiv 1 \,(\mathrm{mod}\ 641),$$

我们可以推出

$$(-2^4) \times 2^{28} \equiv 1 \,(\mathrm{mod}\ 641)。$$

所以，

$$-2^{32} \equiv 1 \,(\mathrm{mod}\ 641)，$$

$$2^{32} \equiv -1 \,(\mathrm{mod}\ 641)，$$

$$2^{32} + 1 \equiv 0 \,(\mathrm{mod}\ 641)。$$

当我们展示同余式与等式之间的相同性质时，"等式可以除以等式"这一等式的性质我们一直小心地避开。现在，我们来考虑一下，在什么条件下，同余式两边可以同时约去一个数？即是说，倘若

$$ab \equiv ac \,(\mathrm{mod}\ m)，$$

那么,在什么条件下同余式

$$b \equiv c \pmod{m}$$

会成立?

　　与以往一样,我们在分析的时候将同余问题转换成关于整除的问题。已知条件是:

$$(ab - ac) \text{可以被 } m \text{ 整除},即$$

$$a(b - c) \text{可以被 } m \text{ 整除}。$$

我们想要的结论是:

$$(b - c) \text{可以被 } m \text{ 整除}。$$

在 a 与 m 互素时,上式当然会成立,因为此时如果 m 不能整除 $(b - c)$,则 m 也不可能整除 $a(b - c)$。但是,当 a 与 m 不互素时,我们则无法知道 m 究竟是否可以整除 $(b - c)$。

　　例 4　(a) $99 \equiv 9 \pmod{10}$,

　　　　　　　$11 \equiv 1 \pmod{10}$。

这里我们将同余式两边同时除以 9,而 9 与同余式的模(即 10)是互素的。

123

(b) $48\equiv12\ (\mathrm{mod}\ 6)$,

(1) $8\equiv2\ (\mathrm{mod}\ 6)$,

(2) $4\not\equiv1\ (\mathrm{mod}\ 6)$。

这里,符号$\not\equiv$的意思是"不同余于",就像$\ne$意为"不等于"一样。在以上(1)与(2)中,我们将同余式(b)两边同时除以一个与其模不互素的数,(1)保持同余式成立,而(2)则不然。对(b)而言,进一步推导出运算规则并不困难,我们把问题留给读者思考。我们更重视的是(a)这类可以作除法的情形。

现在,我们可以证明一个以费马命名的定理,中文称为"费马小定理":

定理(费马小定理)若p是素数,a不能被p整除,则有

$$a^{p-1}\equiv1\ (\mathrm{mod}\ p)。$$

证明:对数集$\{a,2a,3a,\cdots,(p-1)a\}$,考虑其中各数将分别落入模$p$的剩余类中的哪一个。由于模$p$把所有整数分成$p$个剩余类,而集合中所有$(p-1)$个元素都不能被$p$整除,即都不会落入$p$的剩余类。不仅如此,因为$a$与$p$互素,由同余的除法规律,$xa\equiv ya\ (\mathrm{mod}\ p)$意味着$x\equiv y\ (\mathrm{mod}\ p)$,因

124

此集合中任何两个元素都不同余,也不会落入同一个剩余类。所以,集合中的元素分别落入 $1,2,3\cdots,p-1$ 的剩余类中的一个。各元素所落入的剩余类未必按照上述顺序,这在前面模 5 的乘法运算表中可以看到。但无论如何,将这个集合的所有元素相乘,则乘积对模 p 同余于 $(p-1)!$。也即是说,将所有因子 a 放在一处,则我们得到

$$a^{p-1}(p-1)! \equiv (p-1)! \,(\mathrm{mod}\ p)。$$

我们知道 $(p-1)!$ 不能被 p 整除,因而与 p 互素,所以我们得到:

$$a^{p-1} \equiv 1 \,(\mathrm{mod}\ p)。$$

如果我们以前就知道这个定理,那么同余式

$$10^6 \equiv 1 \,(\mathrm{mod}\ 7)$$

的证明就毫无困难,只要对定理取 $a=10, p=7$ 就可以了。

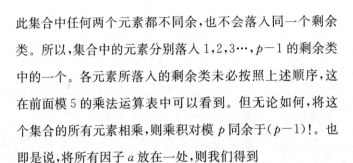

我们现在来考察一下二项式展开:

$$(x+y)^0 = 1,$$
$$(x+y)^1 = 1x + 1y,$$
$$(x+y)^2 = 1x^2 + 2xy + 1y^2,$$
$$(x+y)^3 = 1x^3 + 3x^2y + 3xy^2 + 1y^3,$$
$$(x+y)^4 = 1x^4 + 4x^3y + 6x^2y^2 + 4xy^3 + 1y^4,$$

如此等等。以上诸式中 x 与 y 的幂呈现的规律很明显，关键的是它们的系数是多少。这些系数读者可能早已知道，它们就是著名的"二项式系数"。从任何给定的一行二项式系数出发，我们不难得到下一行系数。我们按顺序写出多项式的诸系数，用系数行表示多项式，则乘法如下例：

$(x+y)^4$	1	4	6	4	1
$(x+y)$	1	1			
	1	4	6	4	1
		1	4	6	4	1
$(x+y)^5$	1	5	10	10	5	1

所有二项式系数可以依次列出，则它们很有规律地排成一个三角形。西方把它称为"帕斯卡三角形"，而我国一般将

其称为"杨辉三角":

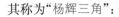

```
                              1
                          1       1
                      1       2       1
                  1       3       3       1
              1       4       6       4       1
          1       5      10      10       5       1
      1       6      15      20      15       6       1
  1       7      21      35      35      21       7       1
1     8      28      56      70      56      28       8       1
1   9    36    84    126   126    84    36    9    1
```

在上列三角形中,每一行两端的数都是1,而其他的数都由其上一行中的最近的左侧与右侧两个数相加而得。我们用相应二项式的次方数作为行的序号,因此行序号是从零开始的,最高处那个行称为第 0 行。在这样的记号之下,$(x+y)^n$ 展开式的第$(k+1)$项的系数就是杨辉三角的第 n 行第$(k+1)$项,它等于

$$\frac{n!}{k!\,(n-k)!}。$$

这个数就是"从 n 件物品中一次选取 k 件"的所有组合之总数,在这里它是从 n 项乘积式$(x+y)^n$ 得到 k 个 x 与$(n-k)$

个 y 相乘的所有可能方式的总数。这个公式是初等代数学而不是数论的内容,因此我们在这里略去其证明,有兴趣的读者可以用数学归纳法自行推证。

二项式系数 $\dfrac{n!}{k!\,(n-k)!}$ 通常简记为 $\begin{pmatrix} n \\ k \end{pmatrix}$,但在中学里则经常写成 C_n^k,我们的书中一般采用后一种写法。二项式系数有很多有趣的性质,例如它的第二条斜线是自然数列,而第三条斜线上则都是三角形数。这些有趣的内容我们先不谈,因为我们现在要讨论别的问题。

假设我们提出这样一个问题:二项式系数表中会不会存在相邻的两个系数,它们的比值是 2/3? 查看杨辉三角,我们很快发现第四行的 4 和 6 符合这个问题的条件。那么,有没有可能还有别的答案? 除了同一行中对称位置上的 6 和 4,我们初看时并没有发现其他答案。因此,我们提出更一般化的问题:对给定的分数 a,什么时候二项式系数表中的第$(k+1)$项系数是第 k 项系数的 a 倍?

根据以上二项式系数公式,问题等于是求解:

$$\frac{n!}{k!\,(n-k)!}=a\,\frac{n!}{(k-1)!\,(n-k+1)!}\text{。}$$

化简上式,易得

$$n = ka + k - 1。$$

这让人大吃一惊,因为,它告诉我们:答案有无穷多个! 事实上,对任何分数 $a = p/q$,上式即为

$$n = k \cdot \frac{p+q}{q} - 1。$$

因此,只要 k 的值为 q 整数倍就可以解得相应的 n。换句话说,存在无穷多对相邻的二项式系数,其中一个系数对模 q 属于同余于零的剩余类。例如,对 $a = 3/2$,只要取 $k \equiv 0 \pmod{2}$ 即可。当 $k = 2$ 时,依上式可得 $n = 4$,这就是我们前面得到的 6 和 4。其次取 $k = 4$ 时,则可得 $n = 9$,即我们在第 9 行可以得到 $126 = 3/2 \times 84$。接下来是第 14 行的 3 003 和 2 002……无论对什么样的分数 p/q,杨辉三角中总有无穷多个符合条件的系数对,这多少有些出乎意料。

一个或许更加意义重大的性质是:在杨辉三角第 n 行的系数中,除了首尾两个 1 之外,其他数都可以被 n 整除的充分必要条件是 n 为素数。因此 5 和 7 整除其相应行中除首尾二数之外的所有的系数,而 8 和 9 则不然。观察系数

公式

$$C = \frac{n!}{k!\ (n-k)!}$$

立刻可以发现,当 n 为素数而 $n > k > 1$ 时,分母所有因数都小于 n,因而都不能将素数 n 约去,所以因数 n 一直保留在分子中。由于系数 C 是整数,因此它必然是 n 的倍数。这就是说:若 n 为素数,则除了首尾二数之外的所有系数都必然可以被 n 整除。

　　反之,如果 n 为合数,则除了首尾二数之外的所有系数中至少还将有一个不能被 n 整除。事实上,如果 n 为合数,则它至少有两个素因数。假设 n 最小的素因数是 k,则 n 可以写成 k 与一个不小于 k 的数(未必是素数)m 之乘积,即 $n = k \cdot m$。这样,第 $(k+1)$ 个二项式系数为:

$$\frac{n!}{k!\ (n-k)!} = \frac{(n)(n-1)\cdots(n-k+1)}{k!}。$$

将 这 个 二 项 式 系 数 除 以 n,我 们 得 到 $\dfrac{(n-1)\cdots(n-k+1)}{k!}$。据 $n = k \cdot m$ 可知,这个数可以写成 $\dfrac{(km-1)\cdots[km-(k-1)]}{k!}$。很显然,这个表达式分子

中的每一项都不能被素数 k 整除，因而整个分子也不能被分母整除。也就是说，$\dfrac{(n-1)\cdots(n-k+1)}{k!}$ 是分数而不是整数，所以相应的二项式系数不能被 n 整除。

无论如何，n 会整除系数中的一部分。那么，我们怎么知道在每一行中，是哪些系数，或者有多少系数可以被 n 整除？这，是一个具有挑战性的问题。

费马小定理与这个问题紧密相关。我们现在换一种方法，对 a 用归纳法来证明这个费马小定理。

首先，如果

$$a^{p-1}\equiv 1\,(\bmod\,p)$$

成立，则有

$$a^{p}\equiv a\,(\bmod\,p)。$$

这就是说，费马小定理的一个等价的陈述是："如果 p 是素数，则 $a^{p}-a$ 可以被 p 整除。"

我们用数学归纳法证明以上等价陈述。当 $a=1$ 时，$1\equiv 1\,(\bmod\,p)$，命题显然是成立。现在作出归纳假设：当 a 取值为某 b 时命题成立，即 $b^{p}-b$ 可以被 p 整除。接下来，考虑 a 取值为 $b+1$ 的情形，即考虑 $(b+1)^p-(b+1)$ 是否可以被 p 整除的问题。据二项式展开，我们有

$$(b+1)^p-(b+1)$$

$$=\{b^p+[\text{除了首尾两项之外的项}]+1\}-(b+1)$$

$$=b^p-b+[\text{除了首尾两项之外的项}]。$$

由于 p 为素数，我们知道它可以整除上式方括号内的每一项。而由归纳假设，p 也可以整除 b^p-b。因此，p 可以整除 $(b+1)^p-(b+1)$。故定理得证。

杨辉三角

在古代中国，"杨辉三角"首先出现在杨辉 1261 年所著的《详解九章算术》中。杨辉指出，这个三角出自北宋数学家贾宪的著作，因此我国又将它称为"贾宪三角"。

根据文献资料，贾宪主要活动于宋仁宗时期，因此"贾宪三角"出现的年代为 11 世纪中叶。这虽然比帕斯卡早数百年，却不是世界上最早的二项式系数三角形。

事实上，古印度天文学家和数学家�日在公元 6 世纪中叶就已经对这些二项式系数进行计算，而将它们排列成三角形数表的最早记载出自公元 10 世纪的哈拉瑜

哈,他在注释《檀陀经》时给出了这种三角形,并将其称为
"须弥山阶梯"。

稍后于哈拉瑜哈,这个三角形也被巴格达的卡拉吉
(约 953—1029)发现,而贾宪与波斯人奥马尔·哈亚姆
(1048—1131)此后不久也发现了这个数字三角形。因为
哈亚姆的贡献,伊朗
人至今将这个三角
称为"哈亚姆三角"。

这个三角形在
欧洲出现得比较晚。
德国的彼特·阿皮
安(1495—1552)是
欧洲首位公开发表
这个数字三角形的
学者,意大利数学家
塔塔戈利亚(1499—
1557)几乎同时发现
这个三角,因而它在

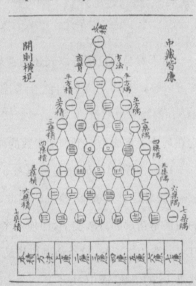

注:上图是元代朱世杰在《四元玉鉴》
中所画的"杨辉三角"。

意大利称为"塔塔戈利亚三角"。然而,对这个三角研究和应用最为深入的是法国著名数学家布莱士·帕斯卡(1623—1662),西方数学界因而将它称为"帕斯卡三角"。

由于费马小定理可以表述为:"如果 p 是素数,则 $a^p - a$ 可以被 p 整除。"人们自然会考虑这样一个命题:"如果 $a^p - a$ 可以被 p 整除,则 p 是素数。"如果这个命题为真,则它在理论上将成为一个判别素数的准则。当然,如果取 $a = 2n+1$,则由于 $a^k - b^k$ 总是可以被 $a-b$ 整除,$(2n+1)^{2n} - (2n+1)$ 总是可以被 $2n$ 整除。因此,这个命题在 a 取奇数的时候是错误的。事实上,即使不考虑 $p = a-1$ 的情形,并且将 a 取为奇素数,这个命题仍然是错误的,例如,$11^{15} - 11$ 就是 15 的倍数,而 15 并不是一个素数。

奇特的是,如果考虑 $a = 2$ 的情形,则这个命题绝大多数时候是对的,不正确的时候难得一见。如果我们检查最

初的几十个数甚至两三百个数,我们会觉得似乎不会有 n
为合数却可以整除 2^n-2 的情形——当 n 为合数 4,6,8,9,
10 等等的时候,2^n-2 都不能被 n 整除。事实上,n 小于
2 000时的例外只有五个,而第一个出现在 $n=341=11\times31$
的时候!难怪人们会觉得费马小定理的逆命题对 $a=2$ 的
情形似乎是正确的,因为探索性的验算几乎不可能碰上
$2^{341}-2$ 这样罕见的情形。

我们提这个例子,是因为它很好地展现了同余算术的
威力。学过对数的读者都知道,2 的常用对数
$\lg 2\approx0.301\ 0$。因此,$\lg 2^{341}=341\times\lg 2\approx102.6$。这说明
$2^{341}-2$ 是一个 103 位的十进制数。$2^{341}-2$ 的值是如此巨
大,这意味着具体地计算出它的数值,然后将它除以 341,再
确定能否除尽的做法,显然是行不通的。然而,同余算术可
以帮忙——

由于 $2^5=32,2^5\equiv1\ (\text{mod }31)$,因此我们可以得到

$$(2^5)^{68}\equiv1^{68}\ (\text{mod }31),$$

这等于说,

$$2^{340}\equiv1\ (\text{mod }31)。$$

同样由于 $2^5=32$，我们有

$$2^5 \equiv -1 \pmod{11},$$

因此，我们有

$$2^{340}=(2^5)^{68} \equiv (-1)^{68} \equiv 1 \pmod{11}。$$

综合以上两个结果，我们知道：11 与 31 都是 $2^{340}-1$ 的素因数，即

$$2^{340}-1=11 \times 31 \times 某整数。$$

据此，我们得到

$$2^{341}-2=2 \times (2^{340}-1)$$
$$=2 \times 11 \times 31 \times 某整数$$
$$=2 \times 341 \times 某整数，$$

这就证明，$2^{341}-2$ 可以被 341 整除。

皮埃尔·德·费马

皮埃尔·德·费马(1601—1665)，是法国一位职业律师和业余数学家，与笛卡尔、帕斯卡、梅森同时代，是"梅森学院"的常客。在数学方面，费马对数论、解析几何

及微积分都有开创性的贡献。他最著名的猜想,即所谓
"费马大定理",在300多年中极大地促进了数论的发展,
直到1995年才最终为英国数学家安德鲁·怀尔斯所证
明。此外,费马提出光学中的"最小作用原理",揭示了光
以最短时间方式传播的科学规律,并因此推动了一系列
极小值问题的研究。

上面我们看到,不存在自然数 a,使得所有使同余式
$a^n \equiv a \pmod{n}$ 成立的自然数 n 都是素数。然而,关于费马
小定理的探讨还有另外一个角度:有没有合数 n,使得同余
式 $a^n \equiv a \pmod{n}$ 对所有自然数 a 都成立? 答案是肯定的。
在费马小定理的视角之下,满足这个条件的数和素数非常
相像,因此它们有一个名称叫"费马伪素数"。关于这种数
的研究在二十年前基本就已经做到尽头,最基本的是如下
四个结论:

（1）所有费马伪素数都是至少三个互素的奇素数的乘积；

（2）素因数恰为三个或四个的时候，费马伪素数可以从一些特定的一般表达式中寻找。

（3）一些多因数的费马伪素数可以在较少因数的伪素数基础上构造。

（4）费马伪素数有无穷多个。对充分大的自然数 n，小于 n 的费马伪素数至少有 $n^{1/3}$ 个。

三因数的费马伪素数可能出自不同的一般表达式，这类表达式有无穷多个，其中

$$F_3 = (2M+1)(10M+1)(16M+1),$$
$$F_3 = (6M+1)(12M+1)(18M+1),$$
$$F_3 = (12M+5)(36M+13)(48M+17),$$
$$F_3 = (10M+7)(20M+13)(50M+31)$$

是最简单的四个，如果非负整数 M 使得某个表达式中的三个因数都是素数，那么这个表达式的结果就一定是一个费马伪素数。例如，上述第二个表达式在 $M=1$ 时右边的三个因数依次是 $7,13,19$。它们都是素数，因而 $F_3 = 7 \times 13 \times 19$ 就是一个费马伪素数。也就是说，对任何自然数 a，都有

$$a^{7 \times 13 \times 19} \equiv a \left[\mod(7 \times 13 \times 19) \right].$$

以上结果的问题是:对给定的 M,我们需要判断 F_3 中的每个因式是否为素数,但除了一一验证之外却没有别的办法。这导致我们不知道这些公式中是否包含有无穷多个费马伪素数。然而,已经发现了费马伪素数已经有很多很多了,其中最小的几个是:

$$3 \times 11 \times 17, 5 \times 13 \times 17, 7 \times 13 \times 19,$$
$$7 \times 13 \times 31, 5 \times 17 \times 29, 7 \times 23 \times 41。$$

不难发现,这些数中的前四个可以由上面的公式得到。此外我们需要指出的是,这六个数让我们觉得费马伪素数可能不是很稀有,这是一个误解。现在计算机验算表明,在小于 10^{21} 的自然数中,只有 2.01×10^7 个费马伪素数,比例大约仅仅是 $2.01/10^{14}$!

341 的素因数是 11 和 31,28 的素因数是 $2,2,7$。因此

它们是互素的。应用上一章介绍的辗转相除法,则它们辗转相除的结果必然是1:

$$28 \overline{)341}$$

商为 12,余数为 5

$$5 \overline{)28}$$

商为 5,余数为 3

$$3 \overline{)5}$$

商为 1,余数为 2

$$2 \overline{)3}$$

商为 1,余数为 1

$$1 \overline{)2}$$

商为 2,余数为 0,停止计算,最大公因数等于 1。

现在,我们把以上辗转相除用等式重新写,即写成:

$$341 = 12 \times 28 + 5,$$
$$28 = 5 \times 5 + 3,$$
$$5 = 1 \times 3 + 2,$$
$$3 = 1 \times 2 + 1。$$

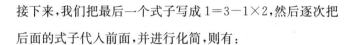

接下来,我们把最后一个式子写成 $1＝3－1×2$,然后逐次把后面的式子代入前面,并进行化简,则有:

1	$＝3－1×(5－1×3)$	$＝2×3－1×5$,
$2×3－1×5$	$＝2×(28－5×5)－1×5$	$＝2×28－11×5$,
$2×28－11×5$	$＝2×28－11×(341－12×28)$	$＝134×28－11×341$。

这就是说,运用辗转相除法我们可以得到:

$$134×28－11×341＝1。$$

这段演算告诉我们:如果 a,b 是两个互素的数,则关于 x,y 的不定方程 $ax－by＝1$ 有解,并且用辗转相除法可以求得它的一组解。回到同余算术的视角,则我们可以说:如果 a 与 b 互素,则同余方程

$$ax≡1\,(\mathrm{mod}\ b)$$

有解,而且它的一个解可以由辗转相除法得到。

中国古代有一个称为"韩信点兵"的趣味数学问题,一个现代汉语的版本是这样的:

有不知数目的士兵,排成三列纵队时,队末只有两个人;排成五列纵队时,队末只有四人;而排成七列纵队时,队

末则是六人。问：士兵总共有多少人？

我们将士兵总数记为 x，则问题的已知条件是三个同余方程：

$$x \equiv 2 \ (\text{mod } 3),$$

$$x \equiv 4 \ (\text{mod } 5),$$

$$x \equiv 6 \ (\text{mod } 7).$$

因此，求解"韩信点兵"问题，就是一个求解同余方程组的问题。那么，如何解决这个问题呢？

我们注意到 3，5，7 两两互素，因此，3 与 5×7，5 与 3×7，7 与 3×5 都是互素的。也就是说，同余方程

$$35x \equiv 1 \ (\text{mod } 3),$$

$$21y \equiv 1 \ (\text{mod } 5)，以及$$

$$15z \equiv 1 \ (\text{mod } 7)$$

都有解。

应用辗转相除法求解，容易得到：

$$70 \equiv 1 \ (\text{mod } 3),$$

$$21 \equiv 1 \ (\text{mod } 5),$$

$$15 \equiv 1 \ (\text{mod } 7).$$

现在,我们令

$$x = 2 \times 70 + 4 \times 21 + 6 \times 15,$$

则满足上述韩信点兵问题的三个同余方程。也就是说,$x = 314$ 是韩信点兵问题的一个解!

细心而有巧思的读者也许会说:补上一个士兵,则士兵数就是 3,5,7 的倍数了,因此,答案应该 $3 \times 5 \times 7 - 1$,即 104人,怎么我们这里算出了 314? 其实,这个问题的答案不是唯一的,所有形如 $105 \times k + 104$ 的数都是问题的解。需要在这里说明的是:仔细推敲可以知道,我们解决问题的方法是有普遍性的,它背后就是数论里著名的"孙子定理"! 这是中国人对经典数论为数不多的贡献之一,西方也它归功于中国人,称之为"中国剩余定理"。

孙子定理

孙子定理是中国古代关于一次同余式组求解的定理,国际上通称"中国剩余定理"。这个定理最早以算题的形式出现在《孙子算经》中。目前流传的《孙子算经》成书于中国南北朝时期,大致稍早于祖冲之的时代。

　　南宋数学家秦九韶在其著作《数书九章》中完善并证明了孙子定理。数百年后，欧拉和高斯都曾得到相同的定理。由于秦九韶的工作被传教士传播到欧洲数学界，因而该定理在欧洲被称为"中国剩余定理"。

　　原始的"孙子定理"是这样的：

　　假设 $m_1, m_2, \cdots, m_n$ 两两互素，那么，同余方程组

$$\begin{cases} x \equiv a_1 \pmod{m_1} \\ x \equiv a_2 \pmod{m_2} \\ \vdots \\ x \equiv a_n \pmod{m_n} \end{cases}$$

有解，其解可以这样来构造：

　　设 $M = m_1 \times m_2 \cdots \times m_n$ 是整数 $m_1, m_2, \cdots, m_n$ 的乘积，记

$$M_1 = M/m_1, M_2 = M/m_2, \cdots, M_n = M/m_n。$$

　　找出 $t_1, t_2, \cdots, t_n$，使得

$$\begin{cases} t_1 \cdot M_1 \equiv 1 \pmod{m_1} \\ t_2 \cdot M_2 \equiv 1 \pmod{m_2} \\ \vdots \\ t_n \cdot M_n \equiv 1 \pmod{m_n} \end{cases}$$

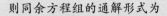

则同余方程组的通解形式为

$$x = a_1 t_1 M_1 + a_2 t_2 M_2 + \cdots + a_n t_n M_n + kM,$$

其中，k 为整数。在模 M 的意义下，同余方程组只有一个解，即：

$$x = a_1 t_1 M_1 + a_2 t_2 M_2 + \cdots + a_n t_n M_n \pmod{M}$$

我们正文中的例子，就是遵循这个方法求得解答的。

我年轻的时候遇到过一个关于卖生鸡蛋的趣味数学问题，现在我们来看这个问题的一个版本：

一位性格奇特的老汉在农贸市场卖生鸡蛋，他每次只卖出当时拥有的鸡蛋的一半又半个。这样卖了六次之后，他发现剩下的鸡蛋不能再这样卖了，因为"一半又半个"已经不再是整数个鸡蛋了。这时，他提出这样一个问题：他开始卖鸡蛋的时候总共有多少个鸡蛋?

如果最初的鸡蛋个数是 N,而卖了六次之后所剩鸡蛋的个数为 a,则有 $a=$

$$\frac{1}{2}\left(\frac{1}{2}\left(\frac{1}{2}\left(\frac{1}{2}\left(\frac{1}{2}N-\frac{1}{2}\right)-\frac{1}{2}\right)-\frac{1}{2}\right)-\frac{1}{2}\right)-\frac{1}{2}。$$

将左式去括号然后合并常数项,我们得到 $a=$

$$\left(\frac{1}{2}\right)^6N-\left[\frac{1}{2}+\left(\frac{1}{2}\right)^2+\left(\frac{1}{2}\right)^3+\left(\frac{1}{2}\right)^4+\left(\frac{1}{2}\right)^5+\left(\frac{1}{2}\right)^6\right]。$$

我们以前用到过等比数列求和公式,将上式方括号内的数用这个公式求和,即有

$$\left(\frac{1}{2}\right)^6N-\left[1-\left(\frac{1}{2}\right)^6\right]=a,$$

移项、去分母,最终可得

$$N+1=2^6(a+1)。$$

现在,无论 $(a+1)$ 是什么数,唯一分解定理告诉我们,2^6 作为六个素数 2 的乘积,必须出现在等式的左边。也就是说,2^6 必然整除 $N+1$,即

$$N \equiv -1 \ (\mathrm{mod}\ 64)。$$

这就是说,无论老汉后来剩下多少鸡蛋,只要他一开始以"一半又半个"的方式连续卖出六次,那么他的鸡蛋总数一定满足上述同余式。

略加思考我们马上知道:老汉在六次之后不能再以"一半又半个"的方式卖鸡蛋,其充分必要条件是剩下的鸡蛋数为偶数。因此,老汉原来的鸡蛋总数为

$$N = 64(2k+1) - 1。$$

显然,问题的解也不是唯一的。取 $k=1$ 时,我们得到符合问题条件的最小鸡蛋数:191。考虑到一个老人不可能把太多的鸡蛋弄到市场上,我们可以认为 191 就是这个问题的解。

西方有一个著名的趣味数学问题叫作"猴与椰子"问题,这个问题的解决方式与上述卖鸡蛋问题有些相似。在本章的最后,我们把这个问题留给读者做练习:

五个水手计划在第二天早上均分一堆椰子。一个水手夜里起来,决定取走属于他自己的那部分。在把一个椰子扔给猴子之后,椰子可以五人均分,因此他取走自己的份额,然

后接着睡觉。其他四个水手也先后半夜起来,每个人所做的也都与第一个水手一样,都是在扔给猴子一个椰子后将椰子五等分,并取走五分之一。天亮之后,五个水手一起又把一个椰子扔给猴子,然后把剩余的椰子平均分成五份。问:最初的椰子堆椰子的最小可能数目是多少个?

第 5 章

无 理 数

所有的完全平方数构成一个无穷数列,我们按顺序写出前几项:

$$1,4,9,16,25,36,49,64,\cdots$$

在这个数列的前四项里,我们发现第 4 项是第 2 项的四倍。好联想的读者可能会闪过一个念头:数列中有没有哪一项会是另一项的两倍或者三倍呢?这个问题的答案,对一些人而言并不是很显然的。然而,无论检查多少项,我们都绝不可能找到一个两倍或三倍于另一个完全平方数的完全平方数。

以三倍为例,我们可以肯定,没有完全平方数是另一个完全平方数的三倍。为什么呢?我们可以用反证法来证明——

假设方程 $x^2=3y^2$ 至少存在一组正整数解。我们在方程的所有正整数解组 (x,y) 中,考虑它的"最小解组",即 x 值最小的解组,把它们记为 (a,b)。

由于 $a^2=3b^2$,即 a^2 可以被 3 整除,而 3 是一个素数,所以 a 必然是 3 的整数倍。因此,存在自然数 a',使得

$$a=3a'。$$

将这个式子代入等式 $a^2=3b^2$,我们得到

$$3a'^2=b^2。$$

这样一来,我们发现 (b,a') 也是方程 $x^2=3y^2$ 的一组正整数解。因为 b 显然小于 a,所以这组解的出现与 (a,b) 是"最小解组"的选择相矛盾。这就证明,方程 $x^2=3y^2$ 不可能有"最小解组",因而根本不可能有正整数解组。

完全平方数的商 a^2/b^2 绝对不可能等于 3,这等于说不可能找到整数 a 和 b,使得 $\sqrt{3}=a/b$。众所周知,$\sqrt{3}$ 这个记号表示的是"3 的平方根"。从几何的观点看,它是面积等于 3 的正方形的边长。我们这里的结果是说:面积等于 3 的正方形之边长不可能写成两个整数的比例。从古希腊开始,数学家就称 $\sqrt{3}$ 是"无理的",意思是"不能写成(整数之)比例的"。

这里,我们有必要暂时岔开话题,谈一谈"无理数"这个术语。在英语中,"有理数"是 rational number,而"无理数"则是 irrational number。它们命名的源头在英语中是 ratio 这个词,意思是"比例"。虽然历经从古希腊语、拉丁语到英语的演变过程,古希腊发现无理数的毕达哥拉斯学派的意思一直传承着,并没有改变,也就是说,"有理数"就是可以写成整数之比例的数(或者说是分数),而"无理数"则是不可以写成比例的数。

那么,中文为什么要将这两个术语翻译成"有理数"和"无理数"呢?翻译者的真正想法我们不能确切地知道,但是我们可以从毕达哥拉斯学派的一则故事来理解这种译法:据传,毕达哥拉斯学派有一个成员用与上述相似的推理方式,证明两直角边长度均为 1 的直角三角形的斜边长度 $\sqrt{2}$ 无法写成两个整数的比例,这在学派内引起轩然大波!毕达哥拉斯学派信奉"万物皆数"——整个宇宙因此和谐而优美,而他们心目中的"数"来自自然数的四则运算, $\sqrt{2}$ 不能写成整数比例的事实,破坏了学派的基础信条,因此,换作英语来说,irrational 在他们的心目中简直就是 unreasonable!

好了,我们现在把话题拉回来。前文的分析同时告诉

我们,完全平方数的数列中也没有两个项的比例等于 2 与 3
之外的任何其他素数,因此素数的平方根都是无理数。此
外,虽然 6 不是素数,一个完全平方数也不会是另一个完全
平方数的 6 倍,因此 $\sqrt{6}$ 也是无理数。我们不难证明,完全平
方数的平方根是整数,而除了完全平方数之外,其他的自然
数的平方根都是无理数。

相似地,没有立方数会是另一个立方数的素数倍,其他
情形亦与上述类似。总之,$\sqrt[3]{2}$,$\sqrt[3]{3}$,$\sqrt[3]{4}$ 等等都是无理数。与
无理数对应地,"有理数"是可以写成分数形式的数,它们可
以写成两个整数的商。

我们注意到,$\sqrt{3}$ 是方程 $x^2-3=0$ 的解,$\sqrt[3]{2}$ 是 $x^3-3=0$
的解。因此,这里出现的无理数有一个共同点:它们都是整
系数多项式方程的解。由于整系数多项式方程也称为"代
数方程",因此它们的解就被称为"代数数"。显然,平方根
和立方根都是代数数,$\dfrac{\sqrt{5}-1}{4}$ 也是代数数。需要注意的是,
有理数显然也是代数数的一部分,它们是一次整系数方程
的解。

数学中有"实数"的概念,粗略地说它对应着数轴上的

点。实数中除了代数数还有别的数存在,这些并非代数数的
实数称为"超越数"。我们用一个图来表示这些概念的关系:

实数集

无理数的悲剧

毕达哥拉斯学派相信世界是和谐的,和谐表现为(简
单的)自然数的比例,五度相生律就是这种哲学一次极为
成功的体现。然而,在研究单位正方形(边长等于1)对角
线长度时,毕达哥拉斯的得意门徒希帕索斯却证明:这个
我们现在称为根号2的数,绝对不可能表示成一个比例。
换句话说,这条对角线的长度不是有理数! 这个发现动
摇了整个毕达哥拉斯学派的哲学根基,为保全门派,毕达
哥拉斯学派的学者们全体发誓保守这个秘密,并为灭口
而秘密杀害希帕索斯。

超越数

因为对具体的物体计数,人类首先产生自然数的概念。通过自然数的加、减及乘法运算,我们得到包括正整数、零以及负整数的所有整数。整数间的除法运算,让我们得到分数。所有分数都是比例,它们构成"有理数"的集合。$\sqrt{2}$是无理数,但它是方程$x^2-2=0$的根。因此,人们考虑以整数为系数的多项式方程$a_0 x^n + a_1 x^{n-1} + \cdots + a_{n-1}x^1 + a_n = 0$。当一个数是某个整系数代数方程的根时,它就被称为一个"代数数"。这样一来,凡是可以用整数的有限次加、减、乘、除,以及开方运算得到的数,都是代数数。

很显然,自然数集是整数集的子集,整数集是有理数集的子集,有理数集是代数数集的子集。

我们很熟悉"数轴",它上面的每一个点都表示一个数,这些数通称为"实数"。实数中有很多很多的无理数,这些无理数中"绝大部分"不是代数数,它们不能表示成任何代数方程的根,我们将这类数称为"超越数"。超越数虽然很多很多,但人们直到19世纪才证明超越数的存在,而 π 和 e,则是两个最著名的超越数。

$\sqrt{3}$ 不能写成分数,那么它写成十进制小数是多少? 怎么计算? 这是自古以来人们就很关心的问题。古人没有计算机,但他们发明了一位一位逐步计算平方根的方法。刘徽在《九章算术》的注解里给出的方法很有趣,值得我们做个介绍。

考虑 $\sqrt{n}$ 的计算。我们将 $\sqrt{n}$ 的整数部分记为 a_0,小数点后第 k 位记为 a_k。在计算出第 k 位开平方的结果后,我们将已经得到的结果记为 x_k,即 $x_k = a_0. a_1 \cdots a_k$。首先,我们寻找自然数 a_0,使得它满足不等式:

$$a_0^2 < n < (a_0 + 1)^2 \, 。$$

也就是说,计算方法的第 0 步是估算出 a_0,这当然不是困难的事。按照我们的约定,此时有 $x_0 = a_0$

很明显,$\sqrt{n}$ 小数点后的第一位为 a_1 的充分必要条件是:

$$(x_0+10^{-1} \cdot a_1)^2 < n < [x_0+10^{-1} \cdot (a_1+1)]^2。$$

展开不等式并整理出 $n-x_0^2$ 的前半部分,则我们得到:

$$10^{-1}a_1 \cdot (2x_0+10^{-1}a_1) < n-x_0^2$$

$$< 10^{-1}(a_1+1) \cdot [2x_0+10^{-1}(a_1+1)]。$$

因此,计算 a_1 的具体办法分两个步骤:先从 n 中减去 x_0^2,然后对剩下的数值估算 a_1,而估算的方法是对不同的 a_1 试算 $10^{-1}a_1 \cdot (2x_0+10^{-1}a_1)$,比较它与 $n-x_0^2$ 的大小。如果化成整数的除法运算,这等于是在这一步里将两个数都乘以 10^2——就是说,在除法算式里给被除数添加两个 0,而试算的除数和商则分别成为 $(20x_0+a_1)$ 和 a_1。

计算出 a_1 之后我们得到 $x_1 = a_0.a_1$。现在,我们要求 a_2 满足:

$$(x_1+10^{-2} \cdot a_2)^2 < n < [x_1+10^{-2} \cdot (a_2+1)]^2,$$

因此

$$10^{-2}a_2 \cdot (2x_1+10^{-2}a_2) < n-x_1^2$$

$$< 10^{-2}(a_2+1) \cdot [2x_1+10^{-2}(a_2+1)]。$$

这就是说,a_2 的计算同样是两个步骤:先计算从 n 中减去已

经得到的开平方数 x_1 的平方，即计算 $n-(a_0+10^{-1}\cdot a_1)^2$ 的结果，然后再用估算 a_2，即对不同的 a_2 试算 $10^{-2}a_2\cdot(2x_1+10^{-2}a_2)$，比较它与 $n-x_1^2$ 的大小。如果我们继承上一步的除法算式，那么，我们现在需要的是在原有的除法算式里在余数后面继续添加两个 0，从而化成整数间的除法运算。此时，试算的除数和商分别是 $(200x_1+a_2)$ 和 a_2。

从以上两个步骤，我们已经发现了计算 a_k 步骤的规律性，即：作除法，在余数后面继续添两个 0，然后，以除数 $(2\times10^k x_{k-1}+a_k)$ 和商 a_k 来试算 a_k。为了更加形象，我们来看看计算 $\sqrt{3}$ 的前几步，注意每一步的被除数、除数和商数的算法：

根号 3 的近似估计

阿基米德在其著作《圆的测量》中，给出了 3 的平方根的近似值：

$$\frac{265}{153}<\sqrt{3}<\frac{1\,351}{780}。$$

这就是说，$\sqrt{3}$ 的值大约介于 1.732 026 1 与 1.732 051 3 之间。计算可知：$\sqrt{3}\approx1.732\,050\,8$，可见阿基米德给出了 $\sqrt{3}$ 非常好的近似分数。

有意思的是，我们在第 9 章给出了 $\sqrt{3}$ 的连分数，它的渐进数列的前十二项为

$$\frac{1}{1},\frac{2}{1},\frac{5}{3},\frac{7}{4},\frac{19}{11},\frac{26}{15},\frac{71}{41},\frac{97}{56},\frac{265}{153},\frac{362}{209},\frac{989}{571},\frac{1\,351}{780}。$$

阿基米德给出的恰好是它的第九项和第十二项。事实上，如果根据这个渐进数列来给出 $\sqrt{3}$ 的近似估计，我们通常应该给出

$$1.732\,026\,1\approx\frac{265}{153}<\sqrt{3}<\frac{362}{209}\approx1.732\,057\,4$$

或

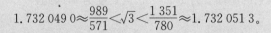

$$1.732\ 049\ 0 \approx \frac{989}{571} < \sqrt{3} < \frac{1\ 351}{780} \approx 1.732\ 051\ 3。$$

这说明,阿基米德不是用连分数的方法得到 $\sqrt{3}$ 的近似分数,但他究竟用的是什么方法,已经成为不解之谜。

　　通过上面的计算,我们可以算得 $\sqrt{3} \approx 1.732\ 050\ 807\cdots$。它的小数部分显然是无穷无尽的,因为有限小数可以立刻写成以 10 的某次方为分母的分数,而 $\sqrt{3}$ 却不能写成分数形式。那么, $\sqrt{3}$ 的无穷的小数部分会不会是循环的? 这也不可能。如果您疑窦顿生,却拽了句文言来发问说:"何以知之?"那我们会回答说:"此易事也,君未细思耳。"确实,这个问题稍加思索就可以明了了——

　　如果某数是一个无限循环的小数,比方说 x 是一个如下形式的无限循环小数:

$$x = 0.a_1 a_2 \cdots a_n a_1 a_2 \cdots a_n \cdots$$

那么,它的循环节为 $a_1a_2\cdots a_n$,其长度为 n,因此,

$$x=a_1a_2\cdots a_n\times\left(\frac{1}{10^n}+\frac{1}{10^{2n}}+\frac{1}{10^{3n}}\cdots\cdots\right)。$$

据等比数列的求和公式,我们得到:

$$x=a_1a_2\cdots a_n\times\frac{\dfrac{1}{10^n}}{1-\dfrac{1}{10^n}}=a_1a_2\cdots a_n\times\frac{1}{10^n-1}。$$

这证明:无限循环小数可以表示成分数,因而是一个有理数。$\sqrt{3}$ 既然不能表示成分数,它的小数部分当然也就不会是循环的。

$\sqrt{3}$ 不能写成分数,那么,我们能不能找到一个分数数列,使得这个数列以 $\sqrt{3}$ 为极限呢?答案是当然能,例如:1.7,1.73,1.732,1.732 0,1.732 05…就是。然而,这样逐步截取 $\sqrt{3}$ 的前 n 位的数列并不能方便地用来作它的近似分数,因为它没有简单的通项公式。

逐步逼近 $\sqrt{3}$ 而又有简单通项公式的数列是有的,中世纪的西方就已经做出了很高明而有趣的研究。事实上,这类分数数列有好多种,我们介绍其中最著名的两种。

162

我们先用递推公式定义两个数列 $\{a_n\}$，$\{b_n\}$：

$$a_0 = 2, b_0 = 1;$$

$$a_{n+1} = 2a_n + 3b_n;$$

$$b_{n+1} = a_n + 2b_n。$$

然后，我们用以上两个数列定义一个新数列 $\{x_n\}$：

$$x_n = \frac{a_n}{b_n}。$$

根据数列 $\{x_n\}$ 的定义，我们有

$$x_0 = \frac{a_0}{b_0} = 2,$$

$$x_{n+1} = \frac{a_{n+1}}{b_{n+1}} = \frac{2a_n + 3b_n}{a_n + 2b_n} = \frac{2 \cdot a_n/b_n + 3}{a_n/b_n + 2} = \frac{2x_n + 3}{x_n + 2}。$$

因此，

$$x_{n+1} = \frac{2x_n + 3}{x_n + 2} = 2 - \frac{1}{x_n + 2}。$$

用数学归纳法不难证明：数列通项 x_n 的值总是正数，并且随着 n 的增加而下降。因此，根据"单调有界原理"，它必然趋于一个确定的极限——"单调有界原理"是一个高等数学中的定理，它的证明大大超出本书的范围，我们只能

略而不论。假设 $\{x_n\}$ 的极限为 A，则根据通项公式，我们得到：

$$A = \frac{2A+3}{A+2} \text{。}$$

从上式我们容易得到 $A^2 = 3$，这说明数列 $\{x_n\}$ 的极限确实是 $\sqrt{3}$。

a_n/b_n 越来越接近 $\sqrt{3}$，因此 a_n^2/b_n^2 越来越接近 3，但是我们知道 $a_n^2 - 3b_n^2$ 永远不可能恰好等于 3。那么，$a_n^2 - 3b_n^2$ 会是什么呢？答案非常出人意料！

回顾定义 a_n 和 b_n 的递推公式，我们立刻得到：

$$a_{n+1}^2 - 3b_{n+1}^2 = (2a_n + 3b_n)^2 - 3(a_n + 2b_n)^2 \text{。}$$

将右式展开，合并同类项：

$$\begin{aligned}
a_{n+1}^2 - 3b_{n+1}^2 &= (2a_n + 3b_n)^2 - 3(a_n + 2b_n)^2 \\
&= (4a_n^2 + 12a_nb_n + 9b_n^2) - 3(a_n^2 + 4a_nb_n + 4b_n^2) \\
&= a_n^2 - 3b_n^2 \text{。}
\end{aligned}$$

这就是说，$a_n^2 - 3b_n^2$ 的值是恒定的，它并不随着 n 的变化而改变。而由于 $a_0^2 - 3b_0^2 = 2^2 - 3 \times 1^2 = 1$，我们发现：$a_n^2 - 3b_n^2$ 的值永远等于 1！

事实上,由 a_n 和 b_n 定义的数对 (a_n,b_n),恰好是方程 $x^2-3y^2=1$ 的所有解。而这个方程,则是著名的丢番图方程的一种。

最后,我们来考虑另一种逼近 $\sqrt{3}$ 的数列,我们用如下递推公式定义数列 $\{y_n\}$:

$$y_0=2,\ y_{n+1}=\frac{1}{2}\left(y_n+\frac{3}{y_n}\right)。$$

如果我们以如下方式定义 c_n 和 d_n:

$$c_0=2,\ d_0=1;$$

$$c_{n+1}=c_n^2+3d_n^2;$$

$$d_{n+1}=2c_nd_n。$$

则很容易证明:

$$y_n=\frac{c_n}{d_n}。$$

有趣的是,数列 $\{y_n\}$ 不仅以 $\sqrt{3}$ 为极限,而且它逼近 $\sqrt{3}$ 的速度比上面介绍的 $\{x_n\}$ 要快得多得多! 此外,数对 (c_n,d_n) 同样满足丢番图方程 $x^2-3y^2=1$,集合 $\{(c_n,d_n)\mid n=0,1,2,\cdots\}$ 事实上是 $\{(a_n,b_n)\mid n=0,1,2,\cdots\}$ 的一个真子集。

现在,我们把目光从 $\sqrt{3}$ 这个无理数转向有理数。先来看看下面一组关于 142 857 这个数的等式:

$$1\times142\,857=142\,857,$$

$$2\times142\,857=285\,714,$$

$$3\times142\,857=428\,571,$$

$$4\times142\,857=571\,428,$$

$$5\times142\,857=714\,285,$$

$$6\times142\,857=857\,142,$$

$$7\times142\,857=999\,999。$$

为什么同样的六个数字的循环排列都是 142 857 的整数倍?并非所有的数都出现如此有趣的现象。还有,为什么最后一个式子右边突然出现 999 999?

答案离我们并不很遥远——我们用除法将 1/7 写成十进制小数:

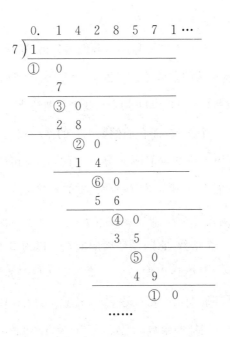

以上"答数"中紧接在小数点后的 1 说明 10 包含一个 7。而余数是那个带圈的 3，因此接下来是以 7 除 30。这时，商是 4 而余数是那带圈的 2，如此等等。这里，余数是问题的关键：在除以 7 的运算中，不是零的余数只能有 6 种。因此，在最多做六次除以 7 之后，就不可能再有新的余数出现，因而此前出现过的余数必然重复出现。在 1 再一次成为余数时，上述除法过程就会开始重复。所以，1/7 的小数

167

表示出现 6 位数字的循环的形式。

如果我们把 2/7 写成小数，我们得到相同的循环数字，只是循环开始的位置不同。这对 3/7，…，6/7 也都一样。但是，7/7＝1＝0.$\overline{999\,999}$（用上划线表示循环节）。

七是一个素数，而它的倒数 1/7 的循环周期等于 7－1，即 6。因为正如我们刚刚分析过的，这是它的循环周期最大可能的长度。具有这种性质的素数称为"全循环"素数。

3 是一个素数，它的循环周期最长可以为 2，但 1/3＝0.333 33…，其循环周期长度只是 1。13 也是素数，因此 1/13 的循环周期最长可以达到 12 位数字，但 1/13 的除法做到 6 步时同样的余数就已经"绕"回来了，因而它的循环节也就开始了：1/13＝0.$\overline{076\,923}$。那么，7 是不是其倒数的循环周期达到最大长度的唯一整数？答案是否定的，下一个"全循环"素数是 17：

$$1/17＝0.\overline{0588235294117647}$$

在 100 以内的"全循环"素数总共有 9 个，可见"全循环"素数并不是很罕见。但准确判断哪一个素数是全循环素数的问题却长期困扰着数学界,至今没有人能给出答案。伟大的德国数学家高斯曾经苦思冥想,甚至得到重要而且深刻得多的结果,却也没能解决这个问题。

上一章所介绍的费马小定理告诉我们,由于 7 不能整除 10,因此有

$$10^6 \equiv 1 \,(\mathrm{mod}\ 7)。$$

忽略我们关于 1/7 的除法算式中的小数点,则它等于是 10^6 除以 7 的除式。因此费马小定理已经告诉我们,那个最为关键的 1,那个让小数开始循环的数,会恰好在什么时候出现。$10^6 - 1 = 999\ 999$ 恰好可以被 7 整除,因此,我们可以不作以 7 除 1 的运算,而是以 7 来除一串 9 构成的自然数,当我们除到余数等于零时的时候,我们就得到了 1/7 的循环节。这个办法实际上是寻求素数循环周期的另一个办法——为求表达简洁,我们以素数的"循环周期"来指它的倒数写成十进制循环小数时的循环节长度。

问题的困难之处在于,费马小定理并不保证 6 是使得同余式

$$10^e \equiv 1 \,(\mathrm{mod}\ 7)$$

成立的最小指数 e。对 $p=7$ 而言，$e=p-1$ 碰巧成立。但若考虑 $p=11$，则尽管

$$10^{10} \equiv 1 \ (\mathrm{mod} \ 11),$$

但我们发现

$$1/11 = 0.090\,909\cdots,$$

循环周期仅仅等于 2。定理说 11 必然整除 9 999 999 999，但对 $p=11$ 这个例子，它凑巧可以整除 99 这个短小得多的数。

如果 n 是素数，而其循环周期的最后一位数字是 d，则有一件小事我们可以肯定，就是乘积 nd 的结束数字为 9。这是必然的，只有这样才能使得除法在这一步骤时的减法得到 1，从而开始下一个循环。例如，对 $1/11$，$d=9$；对 $1/7$，$d=7$；$1/3$，$d=3$；如此等等。

五度相生律

物理学证明，如果乐音的主频率之间是简单的比例关系，那么它们配合在一起时听起来就让人感觉到和谐、悦耳。虽然古人没有声波及其频率的概念，但他们也摸索着发现了乐音之间"简单比例"的规律。

毕达哥拉斯发现，如果一根长度给定的弦发出的乐音是 do，那么，其一半长度的弦发出的乐音就是比 do"高八度"的"高音 do"。也就是说，八度音程的同名唱音之间的频率比是 2：1，频率越高，声音越高。

毕达哥拉斯还发现，弦长比例为 3：2 时的两个乐音之间的声音非常和谐，因此他将这个比例之间的音程定为五度音程。换句话说，do 与 so 的弦长比例被毕达哥拉斯确定为 3：2。换成频率，就是发出 do 的频率是 so 的频率的 2/3。

于是，毕达哥拉斯用这样的办法来确定音阶：(1) 首先规定 do 的弦长。(2) 用 do 弦长的 2/3，确定出与它距离为五度音程的 so。(3) 用 do 的 3/2 倍弦长确定它的下方五度，即低音 fa；再用低音 fa 的一半弦长产生 fa。(4) 用 so 的 2/3 弦长确定其上方五度，即高音 re；用高音 re 的两倍弦长确定 re。(5) 用 re 弦长的 2/3 确定它的上方五度，即 la。(6) 用 la 弦长的 2/3 确定它的上方五度，即高音 mi；然后，用这个弦长的 2 倍确定 mi。(7) 用 mi 弦长的 2/3 倍确定它的上方五度，即 si。于是

简谱音名	相对弦长	与前一音的频率比值
1	1	——
2	8/9	9：8 = 1.125 00
3	64/81	9：8 = 1.125 00
4	3/4	256：243＝1.053 498
5	2/3	9：8＝1.125 00
6	16/27	9：8 = 1.125 00
7	128/243	9：8 = 1.125 00
i	1/2	256：243 = 1.053 498

　　循环小数与由连续 n 个 9 构成的数紧密相关,因此也与由连续 n 个 1 构成的数有紧密的联系。由连续 n 个 1 构成的数是否是素数? 这是个有趣而且也有意义的问题。事实上我们不难证明,由连续 n 个 1 构成的数如果是素数,那么 n 必然是素数。但反之不然。例如 11 是素数,但 111

不是。

现在,我们面前至少出现两个趣味问题:(a)由连续 n 个 1 构成的数中有多少是素数? (b)如何找出这些数? 遗憾的是,两个问题的答案目前都还不知道,而第二个还很有可能是一个我们永远找不到答案的问题。

在 11 之后,接下来的四个由一串 1 构成的素数分别有 19 个 1、23 个 1、317 个 1,以及 1 031 个 1。第六个是什么? 我们还不确切地知道。目前为止,我们知道 1 的个数为 49 081 个、86 453 个、109 297 个、270 343 个的四个数很有可能是素数,但还没有确凿的证明。而除了以上五个素数和四个疑似素数之外,在 $n < 2\,500\,000$ 时的其他由 n 个 1 构成的数都是合数。我们不知道总共有多少这种形式的素数,但猜想它们有无穷多个。

以上说的是十进制数的情况。回想等比数列的求和公式,十进制中由连续 n 个 1 构成的数即

$$\frac{10^n-1}{10-1}=\frac{10^n-1}{9} \text{。}$$

相似地,如果使用二进制,则由连续 n 个 1 构成的二进制数等于 2^n-1。我们在第 2 章讨论过,这种数如果是素数,那

么它一定就是梅森素数。因此,由连续 n 个 1 构成的二进制数中,我们已经知道有 49 个是素数。

我们来考虑这样一种情形:k 是一个大于 1 的数,p_1,p_2,$\cdots$,p_n 是不同的素数,并且它们的循环周期都有 k 个数字。我们从前面的讨论中可以看到,这意味着它们都整除 10^k-1,即由 k 个 9 构成的数。但是 9 也整除 10^k-1,所得的商由 k 个 1 构成。因此,如果 p_1,p_2,$\cdots$,p_n 是所有循环周期为 k 的素数,则它们的乘积为

$$p_1 \times p_2 \times \cdots \times p_n = \frac{10^k - 1}{9},$$

即恰由 k 个 1 构成的数。因此,两个问题是相同的:如果我们知道所有素数的循环周期,则我们至少已经部分地解决了(a)和(b)。

对这个问题的研究没有得到什么惊人的成绩,但对它的反问题的研究则成果颇丰。假如我们问,有多少素数的循环周期是 7?这需要我们寻找整除 9 999 999 的素数。这看似是需要测试所有 $\sqrt{9\,999\,999}$ 之前的素数那样可怕的问题,但事实上这样的素数必须整除 1 111 111。如果我们机缘凑巧知道 1 111 111 的素分解为

239×4 649,那我们非常幸运。这说明 239 和 4 649 是仅
有的两个循环周期的长度等于 7 的素数。此前我们注意
到:1/11 的循环周期长度为 2,是其最大可能周期 10 的
真因子。我们必须避免类似情况的困扰,因此目前将讨
论范围限制在最大可能周期长度为素数的情形。此时我
们有如下定理:

定理:令 q 为一个周期长度,并假设 q 为大于 3 的素
数。则所有循环周期长度为 q 的素数之乘积等于由一串共
q 个 1 构成的自然数。反之,q 个 1 构成的数的素因数是仅
有的周期长度为 q 的素数。

高斯在 19 岁的时候对这个问题产生兴趣,他计算了
1 000 以内的所有素数倒数的小数展开式。然而,1 000 远远
不是一个足以停止计算的大数。下面的表格中列出了所有
周期长度小于 21 的素数,其中有一处需要计算到 10 亿
以上。

这个列表最让人惊讶的地方是循环周期短小的素数之
稀少——我们原以为表中很多行都会有数以百计的素数,

事实上却只有一个、两个,或三个。

循环周期长度小于 21 的素数列表	
周期长度	素　　　数
1	3
2	11
3	37
4	101
5	41,271
6	7,13
7	239,4 649
8	73,137
9	333 667
10	9 091
11	21 649,513 239
12	9 901
13	53,79,265 371 653
14	909 091
15	31,2 906 161
16	17,5 882 353
17	2 071 723,5 363 222 357
18	19,52 579
19	1 111 111 111 111 111 111
20	3 541,27 961

讨论完连续一串 1 构成的数之后，我们来考察一种连续一串根号的表达式，即无穷的、看起来有些奇怪的根式迭代式：

$$\sqrt{n+\sqrt{n+\sqrt{n+\sqrt{n+\cdots}}}} \ 。$$

我们的问题是：是否存在 n 使得此式的极限为整数？乍一看肯定的答案似乎是相当不可能的。确实，如果它有极限，该极限看似必然会是一个无理数。然而，答案不仅是肯定的，而且对合适的 n，这个根式迭代式可以逼近任意大于 1 的整数，所需的 n 还可以非常容易地求出来。

我们用递推公式来定义一个数列 $\{x_n\}$，它满足：

$$x_1 = \sqrt{n} ,$$

$$x_{n+1} = \sqrt{n+x_n} 。$$

用数学归纳法不难证明,这个数列是递增的,并且它的每一项都小于 $n+1$。因此根据前面我们提到的"单调有界原理",数列 $\{x_n\}$ 是有极限的。当然,这个极限就是我们这里的奇怪根式的值。如果我们假设数列 $\{x_n\}$ 的极限为 x,则从数列的递推定义式我们可以得到:

$$x = \sqrt{n+x}。$$

两边同时平方,即有

$$x^2 = n+x,$$

或

$$n = x(x-1)。$$

如果 x 是整数,则 $x-1$ 也是,因而我们得到了简单的求解整数 n 的公式。例如,对 $x=2$,我们得到 $n=2$;对 $x=3$,则有 $n=6$。就是说,我们立刻得到如下有趣的等式:

$$\sqrt{2+\sqrt{2+\sqrt{2+\sqrt{2+\cdots}}}} = 2,$$

$$\sqrt{6+\sqrt{6+\sqrt{6+\sqrt{6+\cdots}}}} = 3。$$

单调有界原理

又称"单调有界准则"或"单调有界定理"，它陈述的是关于数列的这样一个性质：如果一个数列是单调递增的，并且有上界，那么它就一定有极限。相似地，单调递减且有下界的数列也有极限。

如果数列的通项 a_n 随着 n 的增加而增加，那么这个数列就是"单调递增"的。也就是说，如果对任何自然数 n，总有 $a_{n+1} \geq a_n$，那么我们就说数列 $\{a_n\}$ 是单调递增的。如上所述，"单调递增"通常的意思只是"不减"，即 $a_{n+1} \geq a_n$。如果数列满足 $a_{n+1} > a_n$，则通常称之为"严格递增"。

如果存在一个数 M，使得对任何自然数 n，都有 $a_n < M$ 成立，那么我们就说数列 $\{a_n\}$ 有"上界"，而 M 就是它的一个上界。很显然地，如果 M 是 $\{a_n\}$ 的上界，那么任何比 M 大的数也都是该数列的上界。

单调有界原理是关于数列极限问题最重要的定理之一，它可以用来判断数列是否有极限，但并不给出具体的极限值。

例如,考虑这样一个数列 $\{a_n\}$:它的第一项 $a_1=1$,而此后的通项由递推公式 $a_{n+1}=\dfrac{2a_n+1}{a_n+1}$ 定义。

由于 $a_{n+1}=\dfrac{2a_n+1}{a_n+1}=2-\dfrac{1}{a_n+1}$,用归纳法不难证明数列是单调递增的。此外,2 显然是数列的一个上界。因此,由单调有界原理,这个数列有极限。

一串无穷的根式我们用数列极限的形式解读了它的涵义。那么,像 $2^{\sqrt{2}}$ 这样奇怪的表达式有意义吗?如果我们令 $x=2^{\sqrt{2}}$,那么根据对数运算公式,就有

$$\lg x=\sqrt{2}\lg 2。$$

这个等式右边是可以计算的,我们可以从对数表中得到 x 的"值"。然而,对数表中的那个数其实只是近似值,因此, $2^{\sqrt{2}}$ 究竟是什么样的数?我们又怎么计算出对数表里更精确

的数值？这些都是值得思考的问题。

我们首先应该回忆一下像 $2^{3/2}$ 这样的表达式的意义。如果从幂和根的角度考虑这个数，那么我们知道：

$$2^{3/2} = \sqrt{2^3} = \sqrt{8}。$$

这是一个我们熟悉的数字。然而，$\sqrt{2}$ 与 3/2 很不一样，它不能表示成分数，因此 $2^{\sqrt{2}}$ 也不能像 $2^{3/2}$ 那样化成一个根式。也就是说，这个回忆还没有回答我们关心的问题。

然而我们前面介绍过，$\sqrt{3}$ 可以用一个分数的数列来逼近。相似地，以 $\sqrt{2}$ 为极限的分数数列也是存在的。对分数数列的每一项 q/p，我们刚刚的回忆告诉我们：$2^{q/p}$ 都是有意义的。因此，表达式 $2^{\sqrt{2}}$ 也就有确切的意义了，它应该被定义为当 q/p 逼近 $\sqrt{2}$ 时 $2^{q/p}$ 的极限。

我们无法凭观察确定哪个无理数次幂的值会是有理数，因此我们无法简单地判断 $2^{\sqrt{2}}$ 是不是有理数。然而我们不难证明：存在某些形如 a^b 的表达式，其中的 a 与 b 都是无理数，但 a 的 b 次幂的结果却是有理数。

考虑 $\sqrt{2}^{\sqrt{2}}$，我们不知道它是不是有理数。但这没有关系，它要么是有理数，要么是无理数，二者必居其一。如果它是有理数，则我们得到 $a=\sqrt{2}$，$b=\sqrt{2}$ 两个无理数，但 a 的 b 次幂是有理数。

如果 $\sqrt{2}^{\sqrt{2}}$ 是无理数，则我们将它记为 a，然后取 $b=\sqrt{2}$ 作为次幂。这样，按照指数的运算法则，我们得到：

$$x=a^b=(\sqrt{2}^{\sqrt{2}})^{\sqrt{2}}=(\sqrt{2})^{\sqrt{2}\times\sqrt{2}}=(\sqrt{2})^2=2,$$

这不仅是有理数，而且还是整数！

事实上，以上的第二个可能性是正确的。经过很多数学家的长期努力，$2^{\sqrt{2}}$ 终于被证明是一个超越数。回顾我们给出的超越数的定义，这意思是说，$2^{\sqrt{2}}$ 不是任何代数方程的根。

最后，我们再做点有趣的运算：

$$2^{\sqrt{2}}=x^{\sqrt{2}}=((\sqrt{2}^{\sqrt{2}})^{\sqrt{2}})^{\sqrt{2}}=(\sqrt{2}^{\sqrt{2}})^{\sqrt{2}\times\sqrt{2}}=(\sqrt{2}^{\sqrt{2}})^2,$$

由于 $2^{\sqrt{2}}$ 是一个超越数，上述运算表明，$\sqrt{2}^{\sqrt{2}}$ 也只能是一个超越数，而上一段落中定义的 x 则是一个超越数的无理数次幂结果为一个整数的例子。

阿基米德

阿基米德(约前 287—约前 212)是古希腊数学家、物理学家、发明家、工程师、和天文学家。他出生于西西里岛的锡拉库扎(又译"叙拉古"),第二次布匿战争时,阿基米德死于围攻锡拉库扎的罗马士兵之手。

　　阿基米德无疑是古希腊最杰出的科学家,他对数学和物理学的影响都极为深远,经常被视为与牛顿和高斯等并列的、有史以来最伟大的数学家。

　　阿基米德发现浮力原理里,兴奋地大喊"εὑρηκα(我发现了)!"这个词从此成为西方文化中非常著名的感叹词,英语拼写为 Eureka。

　　阿基米德对圆及一般圆锥曲线、球和圆柱等各种立体都有非常深入的研究。他用割圆术计算圆内接与外切正 96 边形的边长,得到 $\frac{223}{71} < \pi < 22/7$ 的结果。他的方法与刘徽在为《九章算术》作注时所用的方法一样,但比刘徽早 400 多年。此外,阿基米德用微积分的思想,推算出圆的表面积和体积公式,比祖冲之父子早大约 700 年之多。

阿基米德对球体积公式的证明

　　阿基米德的证明采用物理学的表述形式,如果改用数学的表现方式,则他的证明是这样的:

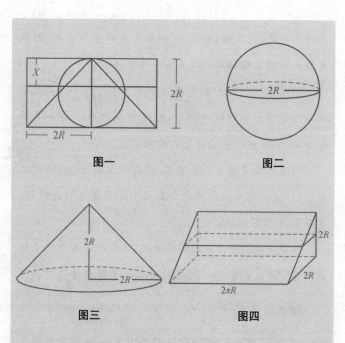

图一　　　　　　　　　图二

图三　　　　　　　　　图四

如上诸图所示意,以 $2R$ 为底半径及高作圆锥,以 R 为半径作球,以旋转体视之,旋转之前的截面如第一图所示,二旋转体如图二、图三所示。在距离锥顶 X 处,锥被截出的圆面积为:πX^2。据勾股定理,知在此高度处球被截出的圆面积为:

$$\pi\left[R^2-(R-X)^2\right]=\pi(2RX-X^2)。$$

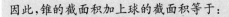

因此,锥的截面积加上球的截面积等于:

$$2\pi RX。$$

而由图四可知,上述这个数值恰好等于图中的卧着的三棱柱在距离顶棱 X 处的截面积。因此,我们有:

(图三中锥的体积+图二中球的体积)=图四中三棱柱的体积。

即:

(图三中锥的体积+图二中球的体积)$=4\pi R^3$。

由于锥的体积已知为 $\frac{1}{3}\pi(2R)^3$,所以半径为 R 的球体积为以上二者之差,即:

$$球体积=4\pi R^3-\frac{1}{3}\pi(2R)^3=\frac{4}{3}\pi R^3。$$

第 6 章

丢番图方程

亚历山大的丢番图是古代西方最著名的数学家之一,他大致生活于公元 3 世纪,相当于我国的三国到西晋时期。丢番图致力于研究简单代数方程的求解问题,并且取得很了不起的成果。在现代数学里,丢番图方程所指的是考虑整数解时的整系数代数方程。

上一章我们提到一个丢番图方程:$x^2 - 3y^2 = 1$。这个方程有无穷多个(正整数)解。我们证明,这些解从小到大排成一个列 $\{(x_n, y_n) \mid n = 0, 1, 2, \cdots\}$,则商的数列 $\{x_n/y_n\}$ 以 $\sqrt{3}$ 为极限。

现在考虑一个相似的丢番图方程:$x^2 - 3y^2 = 2$,我们来证明它没有正整数解。

首先,如果 (x, y) 是这个方程的解,那么由于方程的右边等于 2,所以 x 和 y 的奇偶性是相同的。假如 x 和 y 都是偶

189

数,则方程左边是 4 的整数倍,而右边则等于 2,这显然是不可能的。因此 x 和 y 不可能都是偶数。如果有解,x 和 y 必须都是奇数。

现在考察 x 和 y 都是奇数的情形,即假设

$$x=2m+1, y=2n+1。$$

将这两个表达式代入方程,则有

$$(2m+1)^2-3(2n+1)^2=2,$$

展开平方,并移项整理,得到

$$4[m(m+1)-3n(n+1)-1]=0。$$

连续自然数 m 和 $m+1$ 中必然有一个偶数,因此上式左边的方括号里前两项都是偶数。而由于最后一项是奇数 1,因此左边的表达式不可能等于零。这就是说,等式不可能成立,或者说,x 和 y 不可能都是奇数。这样,我们就证明了 $x^2-3y^2=2$ 不存在(正整数)解。应该指出:这个证明的关键是关于 4 的整除与余数问题,如果应用第 4 章的同余算术来表述,这个证明就会简洁得多。我们有意采用更初等的方式,把应用同余算术的表述留给读者完成。

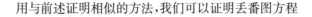

用与前述证明相似的方法，我们可以证明丢番图方程

$$x^2 - 3y^2 = 2z^2$$

也没有（正整数）解。而这个结果其实表明，方程 $x^2 - 3y^2 = 2$ 不仅没有正整数解，而且也不存在有理数解！

我们看到，有些丢番图方程没有（整数）解，而有的则有无穷多组解。对一个丢番图方程，"找出所有解"的意思是找出能系统性地得到所有解的公式或者步骤。

上一章我们指出，我们当时列出的递推公式其实给出了方程 $x^2 - 3y^2 = 1$ 的所有解。也就是说，我们已经找出了这个丢番图方程的所有解。这一事实的证明思路是这样的：如果 (x, y) 是方程 $x^2 - 3y^2 = 1$ 的一组比 $(2, 1)$ 大的解，则不难验证 $(2x - 3y, 2y - x)$ 是一组比 (x, y) 小的解。因此，从方程的任何一组解出发，我们可以一直下推，直到得出无法再小的一个"最小（正整数）"解。然后我们证明，这个无法再下推的"最小"解必定就是我们递推公式的第一组解，即 $(2, 1)$。

> **丢番图与丢番图方程**
>
> 　　丢番图生活在罗马帝国的亚力山大港，他是第一个将符号引入代数学的数学家，以研究整系数代数方程的

（整数）解而闻名后世。我们对丢番图的了解主要来自5世纪的一本希腊文集，他的生卒年已不可知，我们只知道他在公元280年或298年去世。历代相传的丢番图墓志铭是一道趣味数学题，人们从中可以推算出他的寿数。这个墓志铭有多种语言、多种版本流传，我们的译本如下：

丢番图氏眠于斯，刻石立碑藏趣题。汝若能通代数学，一生梗概便可知：

其生之始六分一，细算起来是儿时。再经十二分之一，青春焕发起须髭。

七分之一看又过，终得伊人结连理。五番寒来又暑往，秋水望穿生贵子。

半生幸有儿陪侍，悲儿壮年先父死。排遣伤痛待如何？精研数论只为彼。

四载时光弹指飞，一朝限至魄西归。丢翁享寿共几许？推敲文句探幽微。

对现代人而言，丢番图以所谓"丢番图方程"而著名，作为现代数学术语的"丢番图方程"，所指的是含有多个未知量的整系数代数方程。特别的是：一个方程一旦被称为丢番图方程，就意味着人们在研究中只关心它的整数解。

根据定义，丢番图方程多得不可胜数，而其中最著名的首推大名鼎鼎的毕达哥拉斯方程：

$$x^2 + y^2 = z^2 。$$

这个方程的最小（正整数）解就是我们熟知的"勾三股四弦五"，即

$$3^2 + 4^2 = 5^2 。$$

现在我们来寻找毕达哥拉斯方程的所有解，也就是寻找所有满足 $x^2 + y^2 = z^2$ 的（正整数）三元组。由于这个方程对应着勾股定理，因此它的解对应的是三边边长都是正整数的直角三角形。换句话说，我们的问题是寻找所有"勾股

数"的公式。

首先,我们注意到 $6^2 + 8^2 = 10^2$ 本质上不是一组新的解,因为 $6,8,10$ 可以方便地由 $3,4,5$ 乘以 2 而得到。从一组解出发,我们可以用乘以某个整数倍的方法得到另外无穷多组解,但它们并非是我们的兴趣所在,因为它们相应的直角三角形都相似。为保证我们得到的是新的直角三角形,我们应该只考虑所谓的"本原解",即 x,y,z 没有公因数的解。这事实上是说 x,y,z 中任何两个都没有公因数,因为如果某两个有公因数,则显然第三个数也将有相同的因数。

其次,我们需要一点同余理论的帮助。依定义,所有的奇数 $2k+1$ 都有 $2k+1 \equiv \pm 1 \pmod 4$,因此奇数的平方满足 $(2k+1)^2 \equiv 1 \pmod 4$。据此,倘若 x,y 都是奇数,则其平方和是偶数,这使得 z 必然是偶数。但该平方和对模 4 与 2 同余,而偶数的平方却是 4 的倍数,也就是对模 4 与 0 同余。这个矛盾说明,x 和 y 不能同时为奇数。

另一方面,x 与 y 也不能同时为偶数,否则 z 也是偶数,所得的解也就不是我们所要求的本原解。

因此,我们不妨假设是 x 是奇数而 y 是偶数,这样一来,z 也必须是奇数。我们记 $y=2u$,则方程可以写成

$$x^2 + 4u^2 = z^2 。$$

这时 x, u, z 中的任何两个都没有公因数,但是

$$4u^2 = z^2 - x^2$$
$$= (z + x)(z - x) 。$$

因为 x 和 z 都是奇数,所以 $(z + x)$ 与 $(z - x)$ 都是偶数,我们记

$$\begin{cases} z + x = 2s \\ z - x = 2r \end{cases},$$

则我们马上得到:

$$u^2 = sr 。$$

由 s 和 r 的定义可得: $z = s + r, x = s - r$。如果 s 和 r 有公因数,则 z 和 x 也有。但 z 与 x 是互素的,因而 s 与 r 也互素。根据这个结果, s 和 r 没有可以相匹配的素因数,所以方程 $u^2 = sr$ 使得 s 和 r 都必须是完全平方数。记 $r = n^2, s = m^2$,则有 $u = mn$,并且

$$\begin{cases} x = m^2 - n^2 \\ y = 2mn \\ z = m^2 + n^2 \end{cases} 。$$

这样,我们就证明了:如果 x, y, z 是一组本原解,则它们

必然具有上述形式。而由于 x, y, z 是互素的自然数,我们容易推得这样三条对 m 和 n 取值的限制:(一) m 必须大于 n,这样 x 才会是正数。(二) m 和 n 必须没有公因数,否则 x, y, z 都会有相同公因数的平方。(三) m 和 n 不能同为奇数,否则 x, y, z 将全部为偶数。因此,如果我们让 m 和 n 遍取所有满足这三条限制的自然数,那么我们将得到所有的本原解。

很明显,如果去掉第二及第三条限制,那么我们得到的也是勾股数。只不过它们未必是本原的。最后,我们下面举几个具体的例子。细心的读者也许会注意到:勾股数的乘积总是 60 的倍数。从上述勾股数表达式出发可以证明这个性质,有兴趣的读者不妨自己尝试。

(1) $m=3, n=2$

$x=9-4=5$

$y=2\times 3\times 2=12$ ⎱(这是本原解)

$z=9+4=13$

(2) $m=4, n=2$

$x=16-4=12$

$y=2\times 4\times 2=16$ ⎱(非本原,为 3-4-5 的 4 倍)

$z=16+4=20$

（3）$m=5,n=3$

$\left.\begin{array}{l}x=25-9=16\\y=2\times5\times3=30\\z=25+9=34\end{array}\right\}$ （非本原,为 $8-15-17$ 的 2 倍）

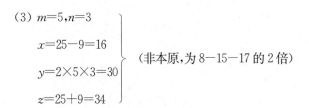

我们用以上这些结果来证明一个几何定理:以勾股数为边长的三角形之内切圆半径长度恒为整数。

这个定理所说的事实并不是很显然的。内切圆半径与三角形边长看起来似乎并没有充分的关联,使得当边长为整数时内切圆半径也是整数。然而,这

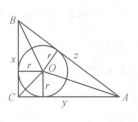

个定理的证明却是容易的。假如 x,y,z 是 $x^2+y^2=z^2$ 的整数解,则上图中的 C 是直角,且三角形的面积为 $xy/2$。但三角形的面积同时也等于 BOC,COA,和 AOB 这三个三角形的面积和,这就是说

$$\frac{1}{2}xy=\frac{1}{2}rx+\frac{1}{2}ry+\frac{1}{2}rz=\frac{1}{2}r(x+y+z),$$

据此可以解得:

$$r=\frac{xy}{x+y+z}。$$

我们知道 x,y,z 满足上节中我们发现的公式,把这些公式代入 r 的解,然后化简,则有

$$r=\frac{(m^2-n^2)2mn}{(m^2-n^2)+2mn+(m^2+n^2)}=n(m-n)。$$

这样,我们不仅证明了内切圆半径是一个整数,并且得到一个额外的结果——发现它究竟等于哪个整数。我们前文给出了三个例子,其内切圆半径依次是 2,4,6。由于第二例是勾股数 $(3,4,5)$ 的 4 倍,因而其内切圆半径也放大了 4 倍。这告诉我们,$(3,4,5)$ 为边长的三角形之内切圆半径等于 1。这,说不定您以前不知道?

勾股数古老的公式

德国修士迈克尔·施蒂费尔(1487—1567)发现了一种构造勾股数的方法。首先,他创建了如下的带分数序列:

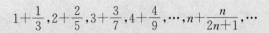

$$1+\frac{1}{3},2+\frac{2}{5},3+\frac{3}{7},4+\frac{4}{9},\cdots,n+\frac{n}{2n+1},\cdots$$

只要将序列中的每个带分数都改写成假分数,则分数的分子和分母就是一组勾股数中的前两个。例如,我们取序列中的第4项,$4+\frac{4}{9}=\frac{40}{9}$,那么就存在一组形如 $(9,40,c)$ 的勾股数。据勾股定理,$c^2=9^2+40^2=81+1\ 600=1\ 681$,而 1 681 的平方根等于 41。因此,这组勾股数就是 $(9,40,41)$。

勾股定理的证明

勾股定理有多达数百种的证明方法,通常认为最早的证明是由毕达哥拉斯给出的。有意思的是,在 19 世纪,美国第 20 任总统加菲尔德发表了一种新的证明方法,他考虑如上直角梯形:

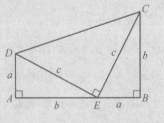

很显然,这个梯形的面积等于 $\frac{1}{2}(a+b)\cdot(a+b)$。同时,它也等于图中三个三角形的面积和,即 $\frac{1}{2}(a+b)\cdot(a+b)=\frac{1}{2}a\cdot b+\frac{1}{2}a\cdot b+\frac{1}{2}c^2$。化简上述等式,即得到勾股定理。

拿破仑定理

有意思的是,美国有加菲尔德总统给出勾股定理的证明,法国则有拿破仑发现数学定理。通常版本的"拿破仑定理"是这样的:

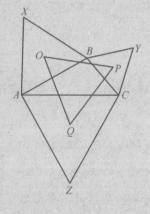

"以任意三角形 ABC 的三条边为边,向三角形 ABC 外构造三个等边三角形,则这三个等边三角形的中心恰为另一个等边三角形的顶点。"

如右图所示,ABX,BCY,CAZ 都是等边三角形,O,P,Q 分别是它们的中心,则三角形 OPQ 是一个等边三角形。

在一个平面上,会有多少不共线,但两两之间的距离为整数的点? 显然,共线的情形会有无穷多个点,因为直线上到某给定点距离为整数的点相互间的距离也是整数。但当我们要求所有的点并不完全在同一条直线上的时候,问题就变得有趣了。

我们考虑除了一个点之外,其他点都在同一条直线时的情形。这种思路非常实惠,它排除了解决问题时不必有的困难——我们的问题并不要求所有的点必须分散到平面的各个角落,只是要求它们不全部共线。

在仅有一点位于直线之外的情形下,我们可以构造出任意大的点集,使其中任意点到其他点的距离都等于整数。构造的方法并不复杂,就是利用勾股数。具体地说,对给定的自然数 k,我们找出一个整数,使得它可以与 k 个不同的整数配合起来构造勾股数。这样一来,相应的 k 个直角三角形共用同一条直角边,则另一直角边的顶点位于同一条直线上,而所有这些三角形的顶点间的距离都是整数。

先举一个最简单的例子,我们知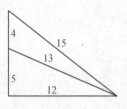
道(3,4,5)和(5,12,13)是两组勾股
数,它们对应两个直角三角形。把第
一个三角形放大 4 倍,则我们得到边

长为(9,12,15)的直角三角形,它与三边为(5,12,13)的直
角三角形共用一条边长为 12 的直角边。以这条边为共同
边,我们得到右边的图形。图中两个三角形总共有四个顶
点,它们两两之间的距离都是整数!

现在,假设我们要求 7 个满足问题条件的点。我们
已经知道毕达哥拉斯方程存在无穷多组本原解,而且知
道只要逐一代入 $m-n$ 数对就可以据公式写出任意多组
解。为解决这个问题,我们只需要找出五组勾股数,为了
更详细地解说具体做法,我们先找出五组本原勾股数:

m	n	m^2-n^2	$2mn$	m^2+n^2
2	1	3	4	5
3	2	5	12	13
4	1	15	8	17
4	3	7	24	25
5	4	9	40	41

我们把第三组的直角边换个次序,写成$(8,15,17)$,则这五组勾股数就是:$(3,4,5)$、$(5,12,13)$、$(8,15,17)$、$(7,24,25)$和$(9,40,41)$。求五个组的第一个数之最小公倍数,我们得到$2\,520$。以这个数为短直角边放大相应的直角三角形,得到$(2\,520,3\,360,4\,200)$、$(2\,520,6\,048,6\,052)$、$(2\,520,4\,725,5\,355)$、$(2\,520,8\,640,9\,000)$和$(2\,520,11\,200,11\,480)$。因此,我们可以按以下方法在(x,y)—平面上选点:以原点O为第一个点,选择Y轴上距离原点为$2\,520$的点为第二点,其他五个点则放在X轴的正方向上,与原点的距离依次为$3\,360,6\,048,4\,725,8\,640$和$11\,200$。这样,我们就得到$7$个点,它们两两之间的距离都是整数。

在确定5个直角三角形公共直角边边长的时候,我们使用的是$3,5,8,7,9$的最小公倍数。事实上我们可以直接把这五个数相乘作为边长,只是直接相乘得到的边长要大一些。很显然,以上这种构造方式可以推广到任意多个直角三角形,因此我们可以构造出任意大的满足问题条件的点集。

我们很轻易地就解决了一个丢番图方程,即毕达哥拉斯方程:

$$x^2 + y^2 = z^2 \text{。}$$

因此我们接下来考虑一般情形:对 $n > 2$,方程

$$x^n + y^n = z^n$$

的正整数解是什么？如果您觉得毕达哥拉斯方程真是太容易了,那么这个则相当相当困难。这个问题是费马提出来的,他断言这个问题没有正整数解,并宣称自己作出了证明。为区别于我们介绍过的费马小定理,费马的这个断言被称为"费马大定理"。这个问题曾经难倒了三百年来最优秀的数学家,直到 1995 年才被英国数学家安德鲁·怀尔斯所证明。

在 20 世纪以前的 200 多年时间里,数学家们在这个问题上考虑得最多的是对特定的 n 值,费马大定理能否被证

明的问题。其中，$n=4$ 情形的证明是最简单的，这个证明虽然有点儿长，但解决方法完全是初等的。我们特意在这里介绍这个证明，因为它很好地阐释了著名的"无穷下推法"。

如果这个方程不存在本原解，那么它自然也就没有解。因此，就像讨论毕达哥拉斯方程时一样，我们只关注方程的本原解。现在，我们作反证假设，假设某一组互素的 x, y, z 满足方程 $x^4 + y^4 = Z^4$。取 $z = Z^2$，则 x, y, z 是方程

$$(1) \quad x^4 + y^4 = z^2$$

的解。也就是说我们得到

$$(x^2)^2 + (y^2)^2 = z^2,$$

其中 x^2, y^2, z 是一组本原勾股数，因此 x^2 与 y^2 必然是一奇一偶。我们不妨说 y^2 是偶数，因此，根据勾股数的构成公式，我们有

$$\begin{cases} x^2 = m^2 - n^2 \\ y^2 = 2mn \\ z = m^2 + n^2 \end{cases}。$$

这里，$m > n$，m 与 n 互素且不都为奇数。实际上这里的 n 必

205

须是偶数,不然的话,m 为偶数而 n 为奇数,则 x^2 是 4 的倍数减 1,即

$$x^2 \equiv 0 - 1 \pmod{4} \quad \equiv 3 \pmod{4},$$

这是不可能的,因为奇数的平方是四的倍数加 1。所以说,我们可以设 $n = 2k$,其中 k 与 m 互素,且

$$y^2 = 2m \cdot 2k。$$

根据我们此前的讨论,没有公因数的 k 与 m 都必须是完全平方数,即

$$m = r^2, k = s^2, y = 2rs。$$

不仅如此,我们还可以得到如下三个结论:(1) r 与 s 互素,因为 k 与 m 互素;(2) $r > s$,因为 x^2 是正数;(3) r 也是奇数,因为 m 是奇数。这就是说,

$$x^2 = r^4 - 4s^4,$$

或

$$x^2 + 4s^4 = r^4。$$

这样,我们得到一组新的勾股数 $(x, 2s^2, r^2)$,因此又有:

$$\begin{cases} x = p^2 - q^2 \\ 2s^2 = 2pq \quad , \\ r^2 = p^2 + q^2 \end{cases}$$

其中的 p, q 的角色正像是此前的 m, n。经由我们已经熟悉的讨论过程,可以由 $pq = s^2$ 推出 $p = a^2$ 及 $q = b^2$。于是,我们最终得到

$$(2) \quad r^2 = a^4 + b^4 。$$

然而,这个方程与

$$(1) \quad z^2 = x^4 + y^4$$

的形式完全相同。我们因此证明:如果(1)有解,则(2)也必须有解!

这一连串推导所得的结果乍一看好像没有什么意义,然而,由 z 的表达式

$$z = m^2 + n^2 = r^4 + 4s^4 ,$$

我们发现 $z > r$。也就是说,(2)的解是与(1)不同的一组新解,而且这组解 (a, b, r) 所含的自然数比原来的解 (x, y, z) 更小。不仅如此,由于 a, b 来自本原勾股数的构成公式,它

们都必然是正整数。这就是说，(a,b,r)是一组正整数，这组新解不是"退化"的。

从(a,b,r)出发再重复上述步骤，我们又会得到一组更小的、新的、非退化的解。如此继续重复，将各组解依次记为r_i,a_i,b_i，则我们得到一个严格下降的序列：

$$r > r_1 > r_2 > \cdots > 0。$$

由于r是有限的，r_i均为正整数，所以这个序列不可能无限地继续下去。然而上述论证过程表明，原假设之下序列是可以无限继续的——这就是确然无疑的矛盾了！这一矛盾证明原假设是错误的，所以结论即为：不存在满足方程

$$x^4 + y^4 = z^4$$

的正整数组x,y,z。

安德鲁·怀尔斯

安德鲁·怀尔斯出生于 1953 年 4 月 11 日，是一位任职于普林斯顿大学的英国数学家。

因为少年时读到一本介绍费马大定理的、名为《最后问题》的科普书，怀尔斯从此对费马大定理的证明产生持

久而浓厚的兴趣。在 1980 年代,数学家们发现,日本数学家提出的谷山—志村猜想的某个特例可以推导出费马大定理。受此启发,怀尔斯连续七年秘密进行关于这个特例的研究。他以发表不相关的小论文来掩盖自己真正的工作,只有妻子知道他真实的研究方向。

经过七年不懈努力,怀尔斯发明许多新的数学概念和证明技巧,终于证明出谷山—志村猜想的这个特例,从此解决了费马最后猜想。

1993 年 6 月,怀尔斯在牛顿研究所安排了三场演讲,在最后一场演讲中,他向听众公开了演讲的最终目标是费马大定理的证明,当场引起巨大的轰动。

不久之后,有人发现怀尔斯的证明存在一处不易修补的错误,这让数学界很多人对费马大定理的解决又产生了怀疑。但有惊无险,怀尔斯和他的学生在一年多后填补了这个漏洞,最终完成了费马大定理的证明。

考虑我们熟悉的数轴。数轴上与原点距离等于有理数的点称为"有理点"。由于任何两个不同有理数的平均数是介于它们之间的另一个有理数,因此,任何两个有理点之间总可以找到另外的有理点。事实上,稍加思考就知道,任何两个有理点之间存在无穷多个有理点。由于这样一种现象,我们说有理点在数轴上是"稠密的",有理点的集合是一个"处处稠密集"。

相似地,在具有平面直角坐标系的平面上,我们将两个坐标的数值都是有理数的点称为"有理点",不是有理点的其他所有点则称为"无理点"。不难证明,有理点在平面上也是处处稠密的。然而,平面上的无理点也同样处处稠密,而且实际上它们比有理点要多得多。事实上,有理点集可以和自然数集合一一对应起来。也就是说,我们可以把所有的有理点用 $1, 2, 3, \cdots$ 编号排列,因此我们说有理点集是一个"可数集"。然而,无理点集是不可数的,所以它们事实

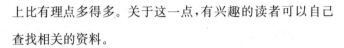

上比有理点多得多。关于这一点,有兴趣的读者可以自己查找相关的资料。

我们刚刚介绍了费马大定理在 $n=4$ 时的证明。它告诉我们,方程 $x^4+y^4=z^4$ 没有正整数解。而这等于说,方程

$$x^4+y^4=1$$

除了 $(0,1)$ 和 $(1,0)$ 之外没有其他非负有理数解,否则 $n=4$ 时的费马方程将有正整数解。

一个方程的图形指的是所有满足该方程的点构成的曲线。方程 $x^4+y^4=1$ 的曲线如右图所示,它通过 $(0,1)$、$(1,0)$、$(-1,0)$ 和 $(0,-1)$ 四个有理点。但除此之外,没有其他有理点可以满足方程。因此,这条曲线穿行于处处稠密的有理点集之中,却没有再碰触这四个点以外的任何有理点。

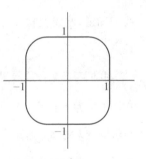

我们这本小书所讨论的对象主要是数字,但是上面这张图实在太有意思了,所以我们暂时离开主题,来讲一点相关曲线的图形。如上所示,$x^4+y^4=1$ 的图形是一条封闭曲

线,它关于两条坐标轴都对称,形状介于圆和正方形之间,而看起来更接近正方形。

对所有自然数 k,我们来系统地考察方程 $|x|^k+|y|^k=1$ 的图形。我们很容易知道,所有这些图形都是关于两条坐标轴对称的封闭曲线,而且都经过 $(0,1)$、$(1,0)$、$(-1,0)$ 和 $(0,-1)$ 四个有理点。我们还知道,当 $k=1$ 时的图形是一个斜置 45 度的正方形,$k=2$ 则是大家熟知的圆。而且,这两种曲线都经过无穷多个有理点。对 $k>2$,由费马大定理我们知道,曲线上除了上述四个有理点之外不再有任何有理点。

我们考虑第一象限里的图形。此时,曲线 $|x|^k+|y|^k=1$ 在横坐标为 x 时的纵坐标是 $y=\sqrt[k]{1-x^k}$。在 $0<x<1$ 时,x^k 显然随着 k 的增大而减小,因此对相同的 x 值,曲线在第一象限里的纵坐标 y 随着 k 的增大而增大。换句话说,k 越大则曲线越"胖"! 这不仅解释了 $x^4+y^4=1$ 的形状比圆"胖"很多的原因,而且也指出了这样一个事实:随着 k 的不断增加,$|x|^k+|y|^k=1$ 的形状越来越接近正方形!

那么,对小于 1 的正分数次幂 $\alpha=p/q$,方程 $|x|^\alpha+|y|^\alpha=1$ 的图形又是怎么样呢? 与上述相似的分析表明,它的图形将是

在 $|x|+|y|=1$ 曲线之内的四角星形状,并且随着 α 的减小越来越"瘦"! 我们这里给出 $|x|^{1/2}+|y|^{1/2}=1$ 的图形,有兴趣的读者可以借助 MatLab 或其他数学软件来绘制这类曲线。

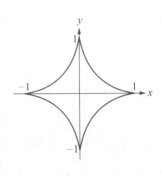

$x^4+y^4=1$ 上虽然有理点只有可怜的四个,但它毕竟还没有避开所有的有理点。而事实上,完全避开有理点的平面曲线是存在的。在本章的开头我们曾指出:方程 $x^2-3y^2=1$ 有无穷多组正整数解,但方程 $x^2-3y^2=2$ 则连一个有理数解都没有。这就是说,前者的曲线经过无穷多个"格点"——即坐标为整数的点,而后者的曲线上则连一个有理点都没有!

可数与不可数

自然数集 $N=\{1,2,3,\cdots\}$ 是一个无穷集合,但是,我们可以依照它们的顺序,即 $1,2,3,4$ 这样的顺序数下去。这种可以按顺序(无休止地)数下去的无穷集合,就是"可数的"无穷集合。

不仅自然数集是可数的,所有整数的集合也是可数的。对所有整数的集合,我们可以按 $0,1,-1,2,-2,3,-3,\cdots$ 这样的顺序无休止地数下去。

总而言之,对一个集合 A,如果存在一个从它到自然数集 N 上的一一映射 $f:A\to N$,那么它就是可数的。换句话说,对可数的无穷集合 A,我们可以把它的元素都按顺序列出来,写成 $\{a_1,a_2,a_3,\cdots,a_n,\cdots\}$ 的形式。

如果 A 和 B 都是可数无穷集合,那么 A 和 B 合在一起形成的也是可数的无穷集合。因为,我们可以把它们按 $a_1,b_1,a_2,b_2,a_3,b_3,\cdots$ 的顺序数下去。

有些无穷集合是不可能"按顺序数下去的",这种集合就称为"不可数的"。

与费马方程不同的是,方程

$$x^3+y^3+z^3=w^3$$

有无穷多组正整数解,最小的解是

$$3^3 + 4^3 + 5^3 = 6^3。$$

对有些 w 值,这个方程的解不止一个。对 100 以内的 w,解最多的是 $w=87$ 和 $w=90$。对这两个 w 值,方程 $x^3 + y^3 + z^3 = w^3$ 都有四组解。而在所有小于 500 的 w 中,$w=492$ 时方程 $x^3 + y^3 + z^3 = w^3$ 的解数最多,它总共有 13 组解!也就是说,492^3 可以写成 13 种不同的三自然数立方和的形式!我们将 $w=492$ 时的 (x,y,z) 列表如下:

序 号	x	y	z
1	24	204	480
2	48	85	491
3	72	384	396
4	113	264	463
5	114	360	414
6	149	336	427
7	176	204	472
8	190	279	449
9	207	297	438
10	226	332	414
11	243	358	389
12	246	328	410
13	281	322	399

17、18 世纪的加农炮的炮弹是球形的,当时的士兵喜欢把它们堆成有规则的堆垛,因为这样堆放不仅好看,而且还容易计数。有一种堆放方式是在最底下排列 $n \times n$ 个炮弹,然后逐层减少,堆放成一个金字塔的形状。一个著名的趣味数学问题是所谓的"加农炮炮弹问题",它是 19 世纪法国数学家卢卡斯提出来的,这个问题要求底层正方形的边长,使得整个炮弹金字塔的炮弹总数恰好为完全平方数。也就是说,要求解如下的丢番图方程:

$$1^2 + 2^2 + 3^2 + \cdots + k^2 = N^2 。$$

由于左边的和等于 $\dfrac{k(k+1)(2k+1)}{6}$,所以问题就转化为求

自然数 k 使得 $\dfrac{k(k+1)(2k+1)}{6}$ 等于完全平方数的问题。有

意思的是,这个问题只有唯一的一个解,即 $k=24, N=70$,炮弹总数为 4 900。

现在我们来攻克另一个有唯一正整数解的丢番图

方程：

$$y^2 + 2 = x^3,$$

其唯一正整数解为

$$y = 5, x = 3。$$

　　为了指出通向证明的道路，我们需要一起来回顾一些中学的代数知识。我们成长过程中经历过的大多数小学课本都包含有这样或那样的错误，其中之一是说，对任何 x, a, b，都有

$$(x^a)^b = (x^b)^a。$$

然而这个式子其实并不总是成立的，当 x 是负数时就未必正确，例如

$$\left[(-2)^{1/2}\right]^2 = \left(\sqrt{-2}\right)^2 = -2,$$

而

$$\left[(-2)^2\right]^{1/2} = \sqrt{4} = 2。$$

如果我们声称 $\sqrt{4} = \pm 2$，因此上述等式可以成立，那么我们虽然找来了一个勉强能说得通的理由，却引入了另一个谬

误：因为只要没有正负符号，则 $4^{1/2}$ 与 $\sqrt{4}$ 两个表达式都被认为等于 2。如果我们想表达的是 $\pm\sqrt{4}$，我们必须明确写出正负号。此外，这个谬误的另一种表现方式是说 $\sqrt{a}\times\sqrt{b}=\sqrt{ab}$，而这个式子在 a,b 同为负数时同样是错误的：

$$\sqrt{-9}\times\sqrt{-4}=3i\times2i=-6,$$

$$\sqrt{-9}\times\sqrt{-4}\neq\sqrt{(-9)\times(-6)}=\sqrt{36}=6。$$

您是不是觉得我们在说不相干的事情？不是的，我们指出的是中小学里经常忽视负数的开平方，或者说忽视虚数的存在。而虚数恰好是我们给出方程 $y^2+2=x^3$ 解的唯一性证明的关键。

我们下面将对方程左侧作因式分解。有的读者可能会说，y^2+2 是不能分解的，但并非如此。y^2+2 虽然不能分解为实因式的乘积，在考虑复数的时候却可以分解：

$$(y+\sqrt{-2})(y-\sqrt{-2})=y^2+2。$$

现在，我们转而考虑另一种对象：形如 $a+b\sqrt{-2}$ 的数，其中 a,b 都是普通的整数。也就是说，如果我们用 Z 表示整数集，则我们现在考虑这样的数集：

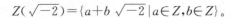

$$Z(\sqrt{-2})=\{a+b\sqrt{-2}\,|\,a\in Z,b\in Z\}。$$

对这个集合里的两个数做加、减、乘法,它们的结果也仍然在集合里。甚至,我们可以将这个数集里不能再分解的数定义为它的"素数"。简单地说,$Z(\sqrt{-2})$ 与整数集的性质非常相像,它也有"唯一分解定理"。

总之,我们的这个因式分解把 y^2+2 分解成了在 $Z(\sqrt{-2})$ 范围内的"素因式"。根据唯一分解定理,由于 $(y+\sqrt{-2})$ 与 $(y-\sqrt{-2})$ 的乘积等于 x^3,它们也都必须是 $Z(\sqrt{-2})$ 里的立方数。这就是说,

$$y+\sqrt{-2}=(u+v\sqrt{-2})^3$$
$$=u^3+3u^2v\sqrt{-2}-6uv^2-2v^3\sqrt{-2}。$$

无论是轻信或者拥有足够的知识,总之我们承认:如果两个复数相等,那么它们的实数部分必须相等,虚数部分也必须相等。据此,考察上式中 $\sqrt{-2}$ 的系数,我们就得到

$$1=3u^2v-2v^3=v(3u^2-2v^2)。$$

由于上式中的 v 是普通整数,所以 v 只能取 1,而 u 则只能是 ±1。计算上式中的实部,立刻得到:$y=\pm5$。

以上只是证明的一个梗概,因为论证过程中还有两个环节没有证明。第一个是假定$(y+\sqrt{-2})$与$(y-\sqrt{-2})$在$Z(\sqrt{-2})$范围内是素因式。这确实没有问题,我们可以证明这两个都不能分解为其他同类型因式的乘积。然而,我们的证明还是不够完备,第二个缺环更为重要——我们如何证明$Z(\sqrt{-2})$里的素因式分解是"唯一"的?这一点也可以用初等的方法来证明,但证明细节相对复杂,我们这里不作介绍。

$Z(\sqrt{-2})$里的素因式分解是"唯一"的,但对其他根式$\sqrt{-n}$而言,相应的$Z(\sqrt{-n})$未必有"唯一分解定理"。例如$Z(\sqrt{-5})$就没有。事实上,对$Z(\sqrt{-5})$我们很容易找到例子:

$$6=2\times 3,$$

且

$$6=(1+\sqrt{-5})(1-\sqrt{-5})。$$

不难证明,$2,3,1+\sqrt{-5},1-\sqrt{-5}$在$Z(\sqrt{-5})$范围内是不能再分解的素因数。因此,整数$6$在$Z(\sqrt{-5})$中存在两种不同的素因式分解!

虚数与复数

我们知道,$\sqrt{2}$不是有理数,但是它等于1.414 2⋯,确实对应着数轴上的一个点,所以它是一个实数。相应地,任何实数的平方都是正数或零。因此,如果我们考虑对一个负数开平方,那么它就不可能是实数。由于数学研究及应用的需要,人们把也负数的开平方也看作数,由于它们不是实数,人们将它们称为"虚数"。所有虚数中,$\sqrt{-1}$拥有特别的地位,它和1相似,是"虚单位",通常记成 i。

所谓"复数",就是实数与虚数的"复合形式"。换句话说,如果 a 和 b 都是实数,那么 $a+b \cdot \sqrt{-1}=a+b \cdot i$ 就是一个复数。加号两边分别称为这个复数的"实部"和"虚部"。

复数的运算法则与普通的数没有区别,只要在遇到 i·i 时,将它用−1代替就可以了。例如,$(1+2i) \cdot (2-i)=1 \cdot 2 -1 \cdot i+2i \cdot 2-2i \cdot i=2-i+4i-2 \cdot (-1)=4+3i$。

复数在高等数学与物理中都非常重要。有趣的是,关于复数有一个很漂亮的公式:

$$e^{i\pi} + 1 = 0,$$

它被称为"最美数学公式"。

在上一小节所讨论的丢番图方程中,如果把 2 换成另外的常数,我们都将得到一个新的问题。每一个这样的问题都需要自己的解决方式,而且它们的答案之间几乎都毫无干系。已经被解决的这类方程为数不多,其中,方程

$$y^2 - 7 = x^3$$

没有(整数)解。而方程

$$y^2 - 17 = x^3$$

则有八组解。对这个方程尝试小的 x 值时,它的解似乎到处都是,因为 $x = -2, -1, 2, 4, 8$ 时,我们都能够得到相应的 y。然而,在这五个解之后这个方程只有另外三个解,它们是 $x = 43, x = 52$ 和 $x = 5\ 234$。对我们而言,得到最后一个

解相当不容易,这时的 $x^3 = 143\,384\,152\,904$,已经是一个天文数字了。

如果我们突发奇想,提出这样一个问题:连续三个自然数的乘积有没有可能是一个完全平方数? 将三个自然数中间的那个记为 n,则这个问题就等于是求丢番图方程

$$n^3 - n = m^2$$

的解,这看起来和上面讨论的那组丢番图方程有些相像。那么,问题的答案会是什么呢? 我们来考察一下。

我们首先把方程左边改写成 $n(n^2-1)$。稍加思索,我们立刻发现 n 和 (n^2-1) 是互素的。因此,如果 $n(n^2-1)$ 是完全平方,那么 n 和 (n^2-1) 都必须是完全平方。然而,如果 $(n^2-1) = k^2$,则 $(1, k, n)$ 是一组勾股数,而这是不可能的,根据勾股数的构成公式,"勾"最小数值是 3! 因此,我们得到结论:连续三个自然数的乘积不可能是一个完全平方数。

上面的问题没有解,如果我们放宽些条件,考虑"等差自然数列连续三项的乘积",它有没有可能是完全平方数?

同样假设中间项是自然数 n，而将公差记为 k，则我们所考虑的乘积为 $n(n^2-k^2)$。为简化问题，我们不管 n 和 (n^2-k^2) 是否互素，先考虑 n 是完全平方的情形。此时，(n^2-k^2) 也必须是完全平方，即 $n^2-k^2=m^2$。也就是说，我们要求 n 等于一个完全平方数，而且 (k,m,n) 是一组勾股数。这是不难做到的，对任何一组勾股数 (a,b,c)，将它放大 c 倍就可以了。例如，取 $n=25$，则公差取 $k=15$ 或 $k=20$ 都可以，得到的三个数项分别是 $\{10,25,40\}$ 和 $\{5,25,45\}$，它们的乘积分别是 100 的平方和 75 的平方。

我们从小时候就知道完全平方公式：

$$(a+b)^2=a^2+2ab+b^2。$$

因此，对任何两个自然数 a 和 b，$a^2+2ab+b^2$ 的值都是一个完全平方数。这个重要的基本知识有时候会带来错觉——我们有可能一不小心就认为 a^2+ab+b^2 肯定不会是完全平方数。然而，这种认识是不正确的，一个不是完全平方形式的代数式可以是完全平方数，只要我们代入恰当的数字。那么，a^2+ab+b^2 在什么情况下会是完全平方数呢？这个问题又导致一个丢番图方程：

$$a^2 + ab + b^2 = c^2 \text{。}$$

显然，如果一组解 (a,b,c) 中的 a 和 b 有公因数 p，则 p 也是 c 的因素。将 a,b,c 都除以 p，我们将得到方程的另一组解。和以前一样，我们说这种解不是"本原"解。由于我们关心的依然是本原解，因此，我们假设 a 和 b 互素。现在，我们把原方程改写成：

$$(a+b)^2 - ab = c^2 \text{，}$$

移项作因式分解，我们得到

$$(a+b+c)(a+b-c) = ab \text{。}$$

由于等式的左边和右边都是整数的乘积，因此我们可以假设 m,n,r,s 都是自然数，并且：

$$a = mn \text{，}$$

$$b = rs \text{，}$$

$$a+b+c = mr \text{，}$$

$$a+b-c = ns \text{。}$$

将后两个等式相加，并将 a 和 b 的表达式代入，则我们得到

$$2(mn+rs) = mr + ns \text{。}$$

225

移项整理,得

$$m(2n-r)=s(n-2r)。$$

由于 a 和 b 互素,因此它们相应的因数 m 和 s 也互素。这样,我们就推出:$2n-r$ 是 s 的整数倍,$n-2r$ 是 m 的整数倍。因此,

$$2n-r=ks,$$

$$n-2r=km。$$

从这两个式子很容易推出:

$$3r=k(s-2m),$$

$$3n=k(2s-m)。$$

由于 a 和 b 互素,因此 n 与 r 也互素。这样,k 只能取 ±1 或者 ±3。考虑 $k=-1$ 的情形,则

$$r-2n=s,$$

$$2r-n=m。$$

把这两个式子代入 a 和 b 的表达式,我们得到:

$$a=mn=(2r-n)n=2nr-n^2,$$

$$b=rs=r(r-2n)=r^2-2nr。$$

再将上述两个式子代入原方程,即有:

$$c = n^2 - nr + r^2,$$

也就是说,

$$\begin{cases} a = mn = 2nr - n^2 \\ b = rs = r^2 - 2nr \\ c = n^2 - nr + r^2 \end{cases}$$

是原问题的整数解。相似的推导不难发现,k 的其他情形并没有给出本质上不同的解。总之,从以上公式可以求得问题的所有本原解。当然,对 r 和 n 有两个限制条件:一是要求 r 大于 n 的两倍,因为这样得到的 a 和 b 才都是自然数;二是要求 n 与 r 互素,因为这样的话 a 和 b 才会互素。

有理数集是可数的

为简单计,我们只考虑正有理数的集合。我们知道,每个正的有理数都可以写成既约分数 q/p。我们把这些有理数按这样的原则来排序:(1) $p+q$ 小的排在前面,(2) 对 $p+q$ 相等的分数,p 较小的排在前面。这样,我们就得到:1/1, 2/1, 1/2, 3/1, 1/3, 4/1, 3/2, 2/3,

1/4,…。换句话说,我们可以把正有理数按这样的顺序无休止地数下去!所以说,正有理数集是可数的。

当然,我们可以给正有理数集安排不同顺序,右图就是另一种排序:

```
1/1   1/2→1/3   1/4→1/5   1/6→1/7   1/8→…
2/1  (2/2)  2/3 (2/4)  2/5 (2/6)  2/7 (2/8)  …
3/1   3/2 (3/3)  3/4   3/5 (3/6)  3/7   3/8  …
4/1  (4/2)  4/3 (4/4)  4/5 (4/6)  4/7 (4/8)  …
5/1   5/2   5/3   5/4  (5/5)  5/6   5/7   5/8  …
6/1  (6/2) (6/3) (6/4)  6/5 (6/6)  6/7 (6/8)  …
7/1   7/2   7/3   7/4   7/5   7/6  (7/7)  7/8  …
8/1  (8/2)  8/3 (8/4)  8/5 (8/6)  8/7 (8/8)  …
```

实数集是不可数的

我们来证明 $[0,1]$ 区间上所有实数的集合是不可数的。我们采用反证法:假设 $[0,1]$ 区间上所有数的集合是可数的,那么这个数集就可以写成 $\{a_1, a_2, a_3, \cdots, a_n, \cdots\}$。当然,其中每一个数都是小数,因此我们可以把 a_n 写成十进制小数,即 $a_n = 0.a_1^n a_2^n a_3^n \cdots$。现在,我们构造一个十进

制小数 $x = 0. x_1 x_2 x_3 \cdots x_n \cdots$，使得：（1）$x_n \neq 0$，且 $x_n \neq 9$，（2）x_n 与 a_n 小数点之后的第 n 位不相等，即 $x_n \neq a_n^n$。这样一来，x 是 $[0,1]$ 区间中的数，却不与集合 $\{a_1, a_2, a_3, \cdots, a_n, \cdots\}$ 中的任何一个元素相等。这证明，$\{a_1, a_2, a_3, \cdots, a_n, \cdots\}$ 并没有能够把 $[0,1]$ 区间中所有的数都列入！这一矛盾证明，$[0,1]$ 区间中的数是不可数的。

第 7 章

神奇的数字

数学爱好者们发现了很多关于数字的神奇现象，这一章我们向大家介绍的是其中特别有趣的一小部分。我们将会兼顾数学与趣味，有的仅仅介绍趣味的等式或现象，有的则会给出一些分析和证明。我们先来看看以下一组等式：

$$12^2 = 144, \qquad 21^2 = 441$$

$$13^2 = 169, \qquad 31^2 = 961$$

$$102^2 = 10\,404, 201^2 = 40\,401$$

$$103^2 = 10\,609, 301^2 = 90\,601$$

$$112^2 = 12\,544, 211^2 = 44\,521$$

$$113^2 = 12\,769, 311^2 = 96\,721$$

$$122^2 = 14\,884, 221^2 = 48\,841$$

发现这些等式的奇特之处了吗？是的，以上每一行两个等式的左边都是相互逆序的两个自然数的平方，而右边的值恰好也是相互逆序的！这种数对没有公认的名称，我们这里暂且将它称为（一对）"平方逆序数"。那么，这样的"平方逆序数"有多少？我们又怎么找出它们呢？这是个好问题。

我们下面只对其平方为三位数的两位数略加分析。我们考虑的是十进制数，所以我们事先声明：所有数位上的字母表示的都是 1 到 9 之间的某个数字。现在，我们假设有一个两位数 $10a+b$，它的平方是三位数 $100c+10d+e$。不仅如此，它的逆序两位数 $10b+a$ 的平方恰好等于 $100e+10d+c$。也就是说，我们有：

$$(10a+b)^2 = 100a^2 + 20ab + b^2 = 100c + 10d + e,$$
$$(10b+a)^2 = 100b^2 + 20ab + a^2 = 100e + 10d + c。$$

由于前一式的右边是一个三位数，因此 a^2 不超过 9，也就是说 a^2 没有产生进位。同理，b^2 也没有产生进位。这样，我们就发现：$a^2 = c, b^2 = e$。这导致另一个条件必须成立：$20ab$ 也不能进位。因此，我们推导出的条件是：

$$a \leqslant 3, b \leqslant 3, a \times b < 5。$$

考虑 $a \leqslant b$ 的情形，则符合以上三个条件的 (a, b) 组合总共有：$(1,1)$、$(1,2)$、$(1,3)$ 以及 $(2,2)$ 四个。

通过以上推导我们发现,除了 12 和 13 以外,11 和 22 也是平方逆序数。由于 11 和 22 本身就是自己的逆序,于是我们立刻知道它们的平方数也是自己的逆序数,也就是左右对称的数字。

很显然,进位制不同的时候,数的表示也不同,因此"平方逆序"的情况也不一样。这时背后有些什么有趣的现象?我们没有展开研究,但可以举一个例子:9 在八进制中写成 11,它的平方的八进制写法是 121,这和十进制中$11^2 = 121$ 形式上是一样的。

两位数的平方可以是四位数,这些数中没有一个满足上述这种神奇的逆序形式,但是其中有一对数也相当神奇:

$$33^2 = 1\,089, 99^2 = 9\,801。$$

虽然四位的完全平方数没有对应的平方逆序数,它们中却另有别样的神奇:其中有连续五个四位平方数,它们的前半部分组成的两位数与后半部分组成的两位数的和也是完全平方数! 也就是说,我们有如下一组神奇的等式:

$86^2 = 7\,396$, $73 + 96 = 169$, $169 = 13^2$

$87^2 = 7\,569$, $75 + 69 = 144$, $144 = 12^2$

$88^2 = 7\,744$, $77 + 44 = 121$, $121 = 11^2$

$89^2 = 7\,921$, $79 + 21 = 100$, $100 = 10^2$

$90^2 = 8\,100$, $81 + 00 = 081$, $081 = 09^2$

为叙述方便,我们把上述那种"前半部分与后半部分相加"的运算称为"折半和"运算。那么,我们的问题又来了——对大于 2 的正整数 n,有没有一长串连续的 n 位数,使得它们平方的"折半和"都是完全平方数?答案是肯定的,接下来,我们在增添一个附加条件的情况下作答——

假设:

(01) $x > 10^{n-1}$ 且 $x < 10^n$,

(02) $x^2 > 10^n$,即 $x > \sqrt{10^n}$,

(03) $x^2 = 10^n K + L$,其中 K、L 为非负整数,且 $0 < K < 10^n$,$0 \leqslant L < 10^n$,

(04) 存在正整数 y,使得 $y^2 = K + L$,

(05) $x + y = 10^n - 1$。

问题: x 是什么数?

以上假设中,(01)是说 x 为 n 位数,(03)是说 K 和 L 就是把 x^2 折成两半所得的两个数,(04)是说"折半和"恰好是完全平方数。

很容易证明:在 $n > 2$ 时,(02)式在(01)成立时自动成立。因此,我们所要求的就是满足(01)、(03)、(04)以及(05)这四个条件的自然数。假设(05)就是我们增添的附加条件,这条额外添加的假设,是我们得到以下解答的关键。

解答的过程有些长,但我们认为如此详细的介绍是值得的,拿起笔跟着演算的读者会有额外的收获。

首先,从(05)出发,我们有

$$y^2 = (10^n - 1 - x)^2 = (10^n - 1)^2 - 2(10^n - 1)x + x^2 。$$

据(04)、(03)以及上式,则有

$$K + L = (10^n - 1)^2 - 2(10^n - 1)x + x^2$$
$$= (10^n - 1)^2 - 2(10^n - 1)x + 10^n K + L 。$$

移项、整理,容易得到

$$(06) \quad K = 2x - (10^n - 1) 。$$

由于 x 是一个 n 位数,我们取一个实数 r,使得

$$(07) \quad x = 10^n - r\sqrt{10^n}。$$

当然,这里的 r 未必是有理数,更未必是自然数,但由(01)我们可以知道

$$(08) \quad r\sqrt{10^n} \text{ 是自然数。}$$

用 $\text{floor}(x)$ 表示不超过 x 的最大整数,则据(03)式,我们有

$$(09) \quad K = \text{floor}(x^2/10^n)。$$

也即是说,K 是 x^2 除以 10^n 所得的整数部分。

由(07)式,我们得到

$$x^2/10^n = 10^n - 2r\sqrt{10^n} + r^2。$$

根据(08)式,则有

$$(10) \quad \text{floor}(x^2/10^n) = 10^n - 2r\sqrt{10^n} + \text{floor}(r^2)。$$

因此,再由(06)和(07)式,我们推出

$$K = 2(10^n - r\sqrt{10^n}) - (10^n - 1),$$

即

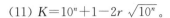

(11) $K=10^n+1-2r\sqrt{10^n}$。

综合(09)、(10)、(11)式,不难发现

(12) $\text{floor}(r^2)=1$。

这就是说,r 虽然未必是有理数,但是 r^2 的整数部分必定等于1。

从以上推演中我们可以发现:由(07)式表示的 x 满足(01)—(05)的充分必要条件是(12)。也就是说,只要 r 满足 $\sqrt{2}>r\geqslant 1$,则(07)式表示的 x 就是我们要求的。因此,问题的解答是:

$$10^n-\sqrt{2\times 10^n}<x\leqslant 10^n-\sqrt{10^n}。$$

以 x 为三位数时作例子,我们有 $\sqrt{2\times 10^3}\approx 44.72$,$\sqrt{10^3}\approx 31.62$,因此所求的三位数开始于 $1\,000-44=956$,而最后一个数则是968,整个连续自然数串的长度为 13 个。为避免烦琐,我们仅列出首尾两个数的相应运算:

$956^2=913\,936$, $913+936=1\,849$, $1\,849=43^2$。

$968^2=937\,024$, $937+024=961$, $961=31^2$。

239

除了以上所得到的长串连续自然数之外,还有其他一些折半和为完全平方的自然数。它们有些是零星的,有些形成很短的连续串。典型的短串是由两个数组成的,最小的一组是 49 和 50:

$$49^2 = 2\,401, \quad 24 + 01 = 25。$$

$$50^2 = 2\,500, \quad 25 + 00 = 25。$$

很容易证明,对所有正整数 k,$5 \times 10^{2k-1} - 1$ 和 $5 \times 10^{2k-1}$ 都构成一个短串。

趣味数字:666

以前有一种剧毒农药叫作"六六六",因为环保问题,这种农药已经被禁用。有趣的是,传统的基督教教义认为,666 是一个邪恶的数。这是因为,据《圣经·启示录》,13 章第 18 节,666 是"野兽之数":

"在这里有智慧。凡有聪明的,可以算计兽的数目。因为这是人的数目,他的数目是六百六十六。"

这个数有一些特别的有趣之处,它是前七个素数的平方和:

$$666 = 2^2 + 3^2 + 5^2 + 7^2 + 11^2 + 13^2 + 17^2$$

又是前六个自然数的"回旋立方和"：

$$666＝1^3＋2^3＋3^3＋4^3＋5^3＋6^3＋5^3＋4^3＋3^3＋2^3＋1^3$$

由于 666 是一个"邪恶的数"，有些人就会将它作为某个人是"邪恶的人"的证据。最著名的一个例子是关于比尔·盖茨。不少人讨厌这位世界首富，于是就想办法寻找他的与 666 的联系。由于盖茨的全名是"威廉·亨利·盖茨三世"，这些人就用"BILLGATES3"来对应数字。在计算机中，最常用的一套字母的码值叫作 ASCII 码。从 A 到 Z 这 26 个字母的码值是从 65 到 90 连续 26 个自然数，因而"BILLGATES3"就对应了 66,73,76,76,71,65,84,69,83,3，而这十个数的和恰好就是 666!

当然，上述"巧合"是精心寻觅的结果，绝不证明盖茨是"坏人"。试想，"3"作为字符也有它的 ASCII 值，为什么不用它的 ASCII 值而直接用数字 3? 盖茨名字中的"亨利"又哪里去了? 事实上，盖茨是全世界最大的慈善家，这种编排他的做法是很不公道的。我们引述这个例子，一方面是提供一个关于 666 的趣味例子，另一方面也是想借此批判"数字神秘主义"。

趣味数字：495

随便找一个三位数字不全相同的三位数，用它的三位数字从大到小排列构造一个新的三位数，再从小到大排列也构造一个三位数。将新构造的两个三位数相减，得到一个三位数。然后，对得到的结果重复以上"构造—相减"的步骤……如此数次，最后总会得到同一个数：495！

例如，我们选择三位数 729，依上述构造法，首先得到 972 和 279，二数相减，得到 693。对 693，依法得到 963 和 369，相减得到 594。对 594，我们得到 954 和 459，它们相减就得到 495。

上面我们考虑的是一串连续自然数，如果我们放宽条件，转而考虑公差为某个大于 1 的自然数的数列，则又会提出一个特别有趣的问题。在公差为 3,9,11,30,100,300 等数时,我们都可以找到平方折半和等于完全平方的数串。

例如,在公差等于 3 的时候,三位数里有多个长度至少为 4 的串,最长的一串有 7 个数:

$$348^2 = 121\,104, 121 + 104 = 225 = 15^2;$$

$$351^2 = 123\,201, 123 + 201 = 324 = 18^2;$$

$$354^2 = 125\,316, 125 + 316 = 441 = 21^2;$$

$$357^2 = 127\,449, 127 + 449 = 576 = 24^2;$$

$$360^2 = 129\,600, 129 + 600 = 729 = 27^2;$$

$$363^2 = 131\,769, 131 + 769 = 900 = 30^2;$$

$$366^2 = 133\,956, 133 + 956 = 1\,089 = 33^2。$$

有意思的是,在公差等于 300 的四位数自然数列里,有一个长度达到 23 的长串,它们的统一表达式是:

$$3\,267 + 300 \cdot k, 0 \leqslant k \leqslant 22。$$

对所有这些数,我们有:

$$(3\,267 + 300 \cdot k)^2$$

$$= 10\,673\,289 + 1\,960\,200k + 90\,000k^2$$

$$= 10\,000 \cdot (1\,067 + 196k + 9k^2) + (3\,289 + 200k)$$

容易验证，$(1\,067+196k+9k^2)$ 和 $(3\,289+200k)$ 当 $0{\leqslant}k{\leqslant}22$ 时都是四位数，而对上述平方折半求和，则有

$$(1\,067+196k+9k^2)+(3\,289+200k)$$
$$=4\,356+396k+9k^2=(66+3k)^2$$

这就是说，$3\,267+300\cdot k$ 的平方折半和等于 $66+3k$ 的平方！如果我们放宽一点，将平方只有七位数的情况当作首位为 0 的八位数，那么这个数串可以延伸到 $k=-7$ 时，整个串的长度总共达到 30。在 $k=-7$ 时，$1\,167^2=01\,361\,189$，它的对折和同样符合以上公式，等于 45 的平方。

据说以前北京有一座寺院叫作"大佛寺"，有人游览后在墙上写下了"人过大佛寺，寺佛大过人"十个字。后来有人秋游黄山，留下了"黄山落叶松叶落山黄"的即景题句。这两句话顺着念和倒着念是一样的，也就是说，它与自己的逆序相同。这样的文句，修辞学中的术语称为"回文"。

前文我们提到 $11^2=121,22^2=484$，且 $11,121,22,484$ 四个数都和它们自己的逆序相同，所以我们借用修辞术语，称这种数为"回文数"。

如果一个自然数是回文数，而且它的平方同时也是回文数，我们称它为"双回文数"。两位数中只有 11 和 22 两个双回文数，而三位数中则有五个：

$$101^2=10\,201,111^2=12\,321,121^2=14\,641,$$
$$202^2=40\,804,212^2=44\,944。$$

四位数中的双回文数反而比三位数少，只有 $1\,001,1\,111$ 和 $2\,002$ 三个。不过，五位的双回文数又多了一些，共有 $10\,001,10\,101,10\,201,11\,011,11\,111,11\,211,20\,002,20\,102$ 八个。

对照以上列出的双回文数，我们不难发现其中的规律。相似地，自然数本身及其立方都是回文数的情况也存在，但更加稀少，大于 10 而小于 10 000 的这种数只有 $11,101,$ $111,1\,001$ 四个，而它们其实也是本身、平方、立方"三回文"的。

此外，也许在一些读者看来，自然数本身不是回文数，

但它们的平方或者立方是回文数的情形也是有趣的。这种数也很稀有,我们下面列出其中的几个:

$$69\ 696 = 264^2, \qquad\qquad 94\ 249 = 307^2,$$
$$698\ 896 = 836^2, \qquad\qquad 5\ 221\ 225 = 2\ 285^2,$$
$$6\ 948\ 496 = 2\ 636^2, \qquad 522\ 808\ 225 = 22\ 865^2,$$
$$617\ 323\ 716 = 24\ 846^2, \qquad 942\ 060\ 249 = 30\ 693^2,$$
$$10\ 662\ 526\ 601 = 2\ 201^3。$$

几种趣味素数

(1)回文素数。两位的回文素数只有一个:11。三位的回文素数有 14 个,即 101,131,151,181,191,313,353,373,383,727,757,787,797 和 919。五位的回文素数有 10 301,10 501,10 601,11 311,11 411,12 421,12 721,12 821,以及 13 331 等。

(2)绕转素数。3 779 是一个素数,把它的首位数字"绕转"到后面,得到的 7 793 也是一个素数。7 793 再绕转一次,所得到的 7 937 也是素数。同样,9 377 也是素数。在趣味数学中,我们把所有"绕转"都是素数的数称为"绕转素数"。四位的绕转素数有 1 193,3 779 以及它们的所有绕转。五位和六位的自然数中，11 939，19 937，以及 193 939 也是绕转素数。

（3）全一素数。各位数字都等于 1 的数称为"全一数"，全一数中的素数称为"全一素数"。11 是最小的全一素数，此后的两个全一素数分别是 1 111 111 111 111 111 111 和 11 111 111 111 111 111 111 111，分别有 19 个和 23 个"1"。而再接下来的两个全一素数所含的"1"非常之多，分别含有 317 个和 1 031 个。

（4）重排素数。如果一个数的所有重排都是素数，那么它就称为"重排素数"。三位的重排素数有 113，199，337，以及它们的所有重排。事实上，它们恰好就是所有的三位绕转素数。人们猜测，四位以上的重排素数只有"全一素数"。

大家熟知的六位数 142 857 显然是一个具有奇趣的数字，将它分别乘以 2，3，4，5，6 时，得数总是原来六个数字的一个循环排列。然而我们在第 5 章分析过它的这种特性,提示了这种特性产生的原因,并将它与 1/7 的循环节联系起来。略有些相似地,1/81 的循环节也向我们呈现一幕神奇的数字景观。

1/81 的循环节是"012 345 679"。因为这个循环节有九位,所以我们暂时放宽"九位数"的定义,把这种以"0"开头的八位数也算作九位数。我们注意到,012 345 679 这个数里面,十个数字唯独缺了一个"8"。现在,我们将十个数字只缺一个的九位数称为"独缺数"。那么,神奇的现象出现了:对任何一个小于 81 的自然数 k,如果它不是 3 的倍数,则它与 012 345 679 的乘积也将是一个独缺数!

乘积式	乘积值	所缺数字
1×012 345 679	012 345 679	8
2×012 345 679	024 691 358	7
4×012 345 679	049 382 716	5
5×012 345 679	061 728 395	4
......	......	......
76×012 345 679	938 271 604	5
77×012 345 679	950 617 283	4
79×012 345 679	975 308 641	2
80×012 345 679	987 654 320	1

关于 012 345 679 乘积的独缺数现象显然是非常神奇的,但是它有一个不足之处:不是所有小于 80 的数与它的乘积都是独缺数,每隔三个就会跳开一个。产生这种现象的原因在于 9 不是素数。事实上,在 n 进制中,$1/(n-1)^2$ 的循环节的性质与 012 345 679 是相似的。而如果 $n-1$ 是素数,则该循环节与所有小于 $(n-1)^2$,但不能整除 $n-1$ 的自然数之乘积都会是 n 进制表示下的独缺数。也就是说,$1/7^2$ 在八进制中是一个无限循环小数,其循环节的独缺数性质更漂亮,它每隔六个才跳开一个。

我们现在开始暂时来使用八进制。首先一个问题,十进制的 49 在八进制中应该写成什么样子? 我们借用习惯的十进制来思考:$49=48+1$,48 是 8 的 6 倍。因此,按照八进制"逢八进一"的进位规则,十进制的 49 在八进制中表示为 61,即 6 个 8^1 加上 1 个 8^0。

我们再熟悉一下八进制,先引入八进制的加法表和乘法表,然后来计算八进制中的 123 457 乘以 13 的结果。

+	1	2	3	4	5	6	7
1	2	3	4	5	6	7	10
2	3	4	5	6	7	10	11
3	4	5	6	7	10	11	12
4	5	6	7	10	11	12	13
5	6	7	10	11	12	13	14
6	7	10	11	12	13	14	15
7	10	11	12	13	14	15	16

×	1	2	3	4	5	6	7
1	1	2	3	4	5	6	7
2	2	4	6	10	12	14	16
3	3	6	11	14	17	22	25
4	4	10	14	20	24	30	34
5	5	12	17	24	31	36	43
6	6	14	22	30	36	44	52
7	7	16	25	34	43	52	61

根据以上乘法表和加法表,我们把进位写在右上角,则有

$$
\begin{array}{r}
1\ 2\ 3\ 4\ 5\ 7 \\
\times \qquad\quad 1\ 3 \\
\hline
3\ 6^1\ 1^1\ 4^1\ 7^2\ 5 \\
1\ 2\ 3\ 4\ 5\ 7 \\
\hline
1\ 6\ 2\ 7\ 4\ 0\ 5
\end{array}
$$

因此,在八进制中,$13 \times 0\ 123\ 457 = 1\ 627\ 405$。这里的
$0\ 123\ 457$正是八进制中的$1/7^2$的循环节。为展示八进制
数$0\ 123\ 457$的独缺数性质,我们下面列出它与八进制中的
10 至 15、35 至 42 两段共 12 个数的乘积。我们希望读者能
发现其中的一些奥妙,例如:所缺数字与乘数的关系,两个
表中对应位置的乘积值的关系等等。

乘积式	乘积值	所缺数字
$10 \times 0\ 123\ 457$	1 234 570	6
$11 \times 0\ 123\ 457$	1 360 247	5
$12 \times 0\ 123\ 457$	1 503 726	4
$13 \times 0\ 123\ 457$	1 627 405	3
$14 \times 0\ 123\ 457$	1 753 064	2
$15 \times 0\ 123\ 457$	2 076 543	1
乘积式	乘积值	所缺数字
$35 \times 0\ 123\ 457$	4 570 123	6
$36 \times 0\ 123\ 457$	4 713 602	5
$37 \times 0\ 123\ 457$	5 037 261	4
$40 \times 0\ 123\ 457$	5 162 740	3
$41 \times 0\ 123\ 457$	5 306 417	2
$42 \times 0\ 123\ 457$	5 432 076	1

有一个流传很广的段子,说老师在点名时把名叫"朱月坡"的同学叫成了"朱肚皮",引起全班的哄堂大笑。古人也有一个段子,说有人把"己亥渡河"误抄成了"三豕渡河",硬是把一个军队越境的事件错误地写成了一场猪的游泳比赛。这两个故事说明:手写确实比较容易产生误解。

数学界也有一个段子,说有人把数字依次为 a,b,c,d 的一个四位数抄成了 $a^b c^d$,却很凑巧地得到与原来的数字相等的数值。那么,这个有趣的数是什么呢? 换句话说,等式

$$a^b \times c^d = 1\,000a + 100b + 10c + d,$$

在 a,b,c,d 都是 1 到 9 之间数字的前提下,有什么样的解呢? 答案只有一个:

$$2^5 \times 9^2 = 2\,592。$$

验证这个答案的正确性是很容易的,证明它的唯一性

有两种方法:一种是穷举,我们可以编一段小程序,每个数字只有 9 种选择,因此只要计算 9^4 种可能性,就可以验证答案的唯一性。另一种则是用分析讨论的方法,这是锻炼思考分析能力的好办法,在没有计算机的时代也是比穷举更有效率的做法。

对这个问题完整的分析讨论相当繁复,不适合在这里介绍,我们来考虑一个简化的问题——在已经知道这个数的首尾数字都等于 2 时,如何来确定中间两个数字的问题。此时,我们的等式是

$$2^b \times c^2 = 2\,000 + 100b + 10c + 2。$$

首先,c^2 小于 10 的平方,即小于 100。但是它与 2^b 的乘积是一个大于 2 000 的数值.因此,2^b 必须大于 20。这样我们得到第一个结论:

(1) $b \geqslant 5$。

其次,c^2 的尾数只能是 1,4,5,6,9。由于 b 从 5 到 9 时 2^b 的尾数依次是 2,4,8,6,2。由于右边尾数为 2,而 6 乘以 1,4,5,6,9 所得的尾数不可能等于 2,因此 b 只能是 5,7,8,9 中的一个。而如果 $b = 9$,则 2^b 尾数为 2,这要求 $c = 9$。但

是右式小于 3 000，它除以 2^9 的结果小于 6，所以 $b=9$ 也不可能。因此，我们可以进一步缩小 b 的范围，得到

（2）$b=5$ 或 $b=7$ 或 $b=8$。

现在，我们考虑 $b=7$ 的可能性。如果 $b=7$，则等式右边的数值在 2 700 与 2 800 之间，除以 2^b 的得数在 21 至 22 之间，不可能是一个完全平方数。因此，$b=7$ 是不可能的。同样的道理，$b=8$ 时右边除以 2^b 的得数在 10 至 12 之间，也不可能是完全平方。这样，我们就有

（3）$b=5$。

于是，根据尾数关系，我们马上得到 $c=9$。因此本问题的答案即是：

$$2^5 \times 9^2 = 25 \times 81 = 2\ 592。$$

抄错或看错有时会产生可笑的错误或有趣的巧合，错

误的运算有时也会凑巧得到正确的结果。笔者中学时曾经在一道证明题中两次使用"圆幂定理"的错误形式,然后"证明"了问题的结论。那次"一时糊涂"我至今不忘,因为它让我丢掉本该到手的一枚竞赛金牌。

相比于圆幂定理,下述错误的"约分"要低级得多,但结果却凑巧是正确的:

$$\frac{1\cancel{6}}{\cancel{6}4}=\frac{1}{4}。$$

那么,还有没有其他分子、分母都是两位数的分数,可以如此错误地"约分"呢? 有一种"平凡"的情形是显然的,它形如

$$\frac{4\cancel{4}}{\cancel{4}4}=\frac{4}{4}=1。$$

对一般情形,这个问题其实是要求解

$$\frac{10x+y}{10y+z}=\frac{x}{z}。$$

将上式去分母并整理,我们得到

$$9xz = y(10x - z)。$$

因此,如果 9 整除$(10x - z)$,则有

$$10x - z \equiv 0 (\bmod\ 9),$$

$$10x \equiv z (\bmod\ 9)。$$

而由于

$$10 \equiv 1 (\bmod\ 9),$$

所以

$$10x \equiv x (\bmod\ 9)$$

对所有 x 成立。由于 x 与 z 都只有一位数字,因此可得 $x = z$ 对所有 x 成立。这,就是我们指出的平凡的情形。

考虑非平凡的情形,则这时 9 不能整除$(10x - z)$,因此 3 必然是 y 的一个因数。这样,我们就缩小了搜索目标分数的范围。略加尝试可以找到所有其他满足条件的分数,它们是:

$$\frac{26}{65}, \frac{19}{95}, \frac{49}{98}。$$

分子和分母的位数更多的情形讨论起来没有那么容易,但是计算机编程来寻找的话,一天可以找出几万个,笔

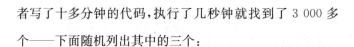

者写了十多分钟的代码,执行了几秒钟就找到了 3 000 多个——下面随机列出其中的三个:

$$\frac{1\,\not3\not3}{\not3\not3\,25}=\frac{1}{25},$$

$$\frac{2\,\not1\not8\,4}{7\,\not1\not8\,9}=\frac{24}{79}。$$

我们在第 2 章曾经提到过完全数,最小的几个完全数依次是:

　　　　6,28,496,8 128,33 550 336,8 589 869 056。

很久以前人们就知道,对第一个之外其他任何完全数,把它的各位数字相加得到一个新数,再将此数各位数字相加,如此反复进行,则最终得到的数字一定是 1。以 8 128 为例,8＋1＋2＋8＝19, 1＋9＝10,1＋0＝1。

　　现在,我们在完全数这一种趣味数字里又发现另一件趣事。但我们有两个问题:首先,为什么反复将各位数字相加最终得到的会是 1？更有趣的是，为什么这个规律对第一个完全数会失效？幸运的是，答案其实并不复杂。

回顾一下我们在第 2 章所证明的结果——所有偶完全数都是形如 $2^{p-1}(2^p-1)$ 的数，其中 p 是素数。所有的素数中除了 2 之外都是奇数，因而我们暂且认定 $p-1$ 是偶数。这样，由于

$$2\equiv-1(\mathrm{mod}\ 3),$$

我们得到

$$2^{p-1}\equiv1(\mathrm{mod}\ 3)。$$

这就是说，存在正整数 k，使得 $2^{p-1}=3k+1$。乘以 2 则得到

$$2^p=6k+2,$$

$$2^p-1=6k+1。$$

因此，

$$2^{p-1}(2^p-1)=(3k+1)(6k+1)=18k^2+9k+1$$

$$\equiv1(\mathrm{mod}\ 9)$$

这就是说

$$2^{p-1}(2^p-1)-1\equiv0(\mathrm{mod}\ 9)。$$

回顾本书第 2 章中的内容,我们知道对任何被 9 整除的数,反复求各位数字之和的结果等于 9。因此,在减去 1 之前,我们的完全数各位数字反复求和所得数字为 10,这就完成了我们的证明。

问题来了——为什么这个规律对 6 这个完全数失效?原因是:并非所有的素数都是奇数。我们 $p-1$ 是偶数的断言当 p 为 2 的时候是错误的,而这时对应的完全数恰好就是 6,所以 6 这个完全数恰好不在上面论证的范围之内。

各位数字的平方和

任意取一个自然数,将它的各位数字的平方加在一起,得到一个自然数。对得到的结果,再次进行“取各位数字平方和”运算……如此不断进行下去,最后会得到什么结果呢?

很有意思的是,对大约 14% 的自然数来说,最后的结果会是 1! 那么,其他的数呢? 对所有其他的自然数,不断进行“取各位数字平方和”运算得到的结果是一个数字循环:

$$4 \rightarrow 16 \rightarrow 37 \rightarrow 58 \rightarrow 89 \rightarrow 145 \rightarrow 42 \rightarrow 20 \rightarrow 4$$

例如:考虑自然数 1 728,它的各位数字的平方和等于 $1+49+4+64=118,118$ 和各位数字平方和是 $1+1+64=66,66$ 的各位数字平方和等于 $36+36=72$,接下来"取各位数字平方和"的结果依次是 $53,34,25,29,85,89,145,42,20,4,16,37,58,89,\cdots$,陷入上述循环。

再举个例子,对自然数 999 998,它的各位数字平方和等于 $81*5+64=469$,此后"取各位数字平方和"依次是 $133,19,82,68,100,1,\cdots$,最终一直停留在 1。

上面我们对完全数做了不断重复地"将其各位数字相加"的运算,与此类似的一种运算是:对一个自然数,将其各位数字求立方和,然后对计算出的结果不断重复这种运算。那么,我们新引入的这种运算会得到什么结果呢? 答案是非常有趣的:对所有的自然数,不断重复求各位数字立方和的运算得到的结果分为两种——一种是最终得到一个固定

不变的数,另一种是最终落入几个数的循环。其中,固定数总共有五个:

$$1,153,370,371,407。$$

循环总共有四个,其中两个的周期是 2,另两个的周期是 3:

$$136 \leftrightarrow 244,919 \leftrightarrow 1\,459;$$

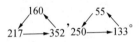

上述运算最终得到固定数或循环圈的现象当然是很有趣的,其实固定数和循环圈本身就展示了自己的奇妙之处,例如,我们从中得到:

$$3^3 + 7^3 + 1^3 = 27 + 343 + 1 = 371;$$

$$9^3 + 1^3 + 9^3 = 1\,459,1^3 + 4^3 + 5^3 + 9^3 = 919。$$

读者可能会有两个疑问:一是以上这个结果该怎么证明? 二是我们为什么不考虑数字的平方和而考虑立方和? 后一个问题其实比较容易解释,因为考虑数字平方和时,固定数只有 1 这样一个"平凡"的数字。而前一个问题其实也不复杂,我们的推证方法可以概括为两点:(1)证明大的自然数的各位数字立方和比它自身要小,因此经过反复运算后所有结果都会小于某个数 M（比如 M 可以取为 3 000）；(2)对小于 M 的所有自然数进行反复运算,求得最终结果。需要指出的是,第(2)点在学会计算机编程后是很容易的,可以说,编程是寻找数字中奇妙性质的得力帮手。

尽管方程 $p^2/q^2=2$ 没有整数解,但方程

$$\frac{a^2+b^2}{c^2+d^2}=2$$

的解则很容易找到。例如

$$\frac{2^2+4^2}{1^2+3^2}=2。$$

如果要求平方和中的数是连续的自然数,我们也可以找到这样珍奇的等式：

$$\frac{3^2+4^2+5^2+6^2+7^2+8^2+9^2}{1^2+2^2+3^2+4^2+5^2+6^2+7^2}=2,$$

甚至还有更加让人惊讶的等式：

$$\frac{11^2+12^2+13^2+14^2+15^2+16^2+17^2}{1^2+2^2+3^2+4^2+5^2+6^2+7^2}=10。$$

事实上，所有从 $(10k+1)$ 到 $(10k+7)$ 的自然数平方和，从 $(10k+3)$ 到 $(10k+9)$ 的自然数平方和，都是从 1 到 7 的平方和的整数倍！

在立方和中也可以找到相似的等式，通过计算机我们可以很快找到例子，例如：

$$\frac{4^3+5^3+6^3+7^3+8^3+9^3+10^3+11^3+12^3}{2^3+3^3+4^3+5^3+6^3+7^3+8^3+9^3+10^3}=2。$$

然而，更神奇的事情还藏在后面，从 2 到 10 这 9 个连续自然数的立方和看起来相当特殊，因为有无穷多种连续 9 个自然数的立方和是它的倍数！仔细的计算证明，当 k 为非负整数，而 $n=14k+2, n=14k+4$，或 $n=14k+10$ 时，从 n 到 $n+8$ 这 9 个自然数的立方和都是从 2 到 10 的立方和的整数倍，三种倍数依次是如下 k 的表达式：

$$8k^3+10k^2+5k+1+\frac{k(k+1)(k+2)}{6},$$

$$8k^3+14k^2+9k+2+\frac{(k-1)k(k+1)}{6},$$

$$8k^3+24k^2+25k+9+\frac{k(k+1)(k+2)}{6}。$$

这些公式有些抽象,但表格是非常直观的,我们计算出上列公式中的前 6 个,列表如下:

和 式	和式的数值	3 024 的倍数
$4^3+5^3+\cdots+11^3+12^3$	6 048	2
$10^3+11^3+\cdots+17^3+18^3$	27 216	9
$16^3+17^3+\cdots+23^3+24^3$	75 600	25
$18^3+19^3+\cdots+25^3+26^3$	99 792	33
$24^3+25^3+\cdots+31^3+32^3$	202 608	67
$30^3+31^3+\cdots+37^3+38^3$	359 856	119

关于立方和还有很多类似的现象,而关于平方和的类似情况,则应该更多并且公式更简单,但我们决定到此为止,意犹未尽的读者可以自己展开探索。

四平方和恒等式

在公元六世纪,古印度人发现两个平方和的乘积也可以写成平方和的形式,这就是著名的"婆罗门笈多恒等式":

$$(a^2+b^2)(c^2+d^2)=(ac-bd)^2+(ad+bc)^2$$
$$=(ac+bd)^2+(ad-bc)^2。$$

1000 多年之后，伟大的欧拉发现了一个相似但更复杂的等式——两个四平方和的乘积也是四平方和：

$$(a^2+b^2+c^2+d^2)(x^2+y^2+z^2+w^2)$$
$$=(ax+by+cz+dw)^2+(ay-bx+cw-dz)^2$$
$$+(az-bw-cx+dy)^2+(aw+bz-cy-dx)^2。$$

这个称为"四平方和恒等式"的公式，后来成为拉格朗日和欧拉证明"四平方和定理"的重要工具。

关于四平方和定理

四平方和定理告诉我们：每个自然数都可以写成四个整数的平方和。而事实上，有些自然数可以写成一个、两个、或三个自然数的平方和，有些则必须写成四个自然数的平方和。具体地说，我们有如下有趣的结果：

（1）如果 a 和 k 都是非负整数，而自然数 m 可以写成 $m=4^a \cdot (8k+7)$，则 m 不能写成三个整数的平方和。

265

（2）如果 a 和 k 都是非负整数，而自然数 m 可以写成 $m = 4^a \cdot (8k+l)$，其中 l 为 $1,2,3,5,6$ 中的一个，则 m 可以写成三个整数的平方和。

（3）如果 m 是形如 $4k+1$ 的素数，则它可以唯一地写成两个自然数的平方和。需要说明的是，这种素数大多也可以写成三个或四个自然数的平方和。例如，61 有唯一的二平方和形式，即 $61 = 36 + 25$。同时，它也可以写成三平方和及四平方和形式：$61 = 36 + 16 + 9$，$61 = 49 + 4 + 4 + 4 = 25 + 16 + 16 + 4$。

（4）如果 m 是两个或多个形如 $4k+1$ 的不同素数的乘积，那么它可以写成（多种）两个自然数的平方和。

考虑在以下图中展示的规律：

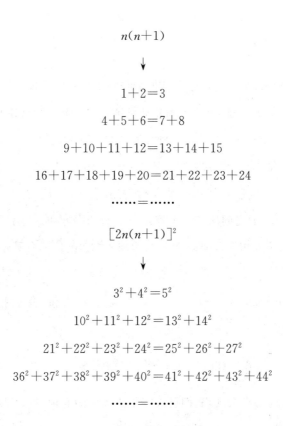

$$n(n+1)$$

$$\downarrow$$

$$1+2=3$$

$$4+5+6=7+8$$

$$9+10+11+12=13+14+15$$

$$16+17+18+19+20=21+22+23+24$$

$$\cdots\cdots=\cdots\cdots$$

$$\left[2n(n+1)\right]^2$$

$$\downarrow$$

$$3^2+4^2=5^2$$

$$10^2+11^2+12^2=13^2+14^2$$

$$21^2+22^2+23^2+24^2=25^2+26^2+27^2$$

$$36^2+37^2+38^2+39^2+40^2=41^2+42^2+43^2+44^2$$

$$\cdots\cdots=\cdots\cdots$$

图中的第一个关系并不难证明：式子的左边是从 n^2 到 $n(n+1)$ 的所有 $n+1$ 个连续自然数，右边则是从 $n(n+1)+1$ 到 $n(n+1)+n$ 的所有 n 个自然数。按等差数列的求和公式，左边之和应为

$$\frac{[n^2+n(n+1)]\cdot(n+1)}{2}=\frac{n(n+1)(2n+1)}{2},$$

我们很容易证明右边的和也有同样的表达式,因此,以上图形中的等式都无疑是正确的。然而这里还有一个有趣的看点:这个和式恰好是从 1 到 n 的平方和的 3 倍!

第二个关系式左边是从 $(2n^2+n)$ 到 $(2n^2+2n)$ 之间所有 $n+1$ 个连续自然数的平方和,右边是从 $(2n^2+2n+1)$ 到 $(2n^2+3n)$ 之间所有 n 个连续自然数的平方和。为了证明左右两式相等,我们来计算右边减去左边的后 n 个平方和,它等于 k 从 1 到 n 时所有 n 个形如 $[(2n^2+2n+k)^2-(2n^2+n+k)^2]$ 的项之总和,我们把它记为:

$$\sum_{k=1}^{n}\left[(2n^2+2n+k)^2-(2n^2+n+k)^2\right]。$$

利用平方差公式,我们可以将上述和式的通项可以化简成 $n(4n^2+3n+2k)$,因此,这个和化为:

$$\sum_{k=1}^{n}\left[n(4n^2+3n)+2nk\right]=n(4n^2+3n)\cdot n+2n\cdot\sum_{k=1}^{n}k。$$

上式后一部分中的和式是从 1 到 n 时所有自然数之和,我们知道它等于 $n(n+1)/2$,因此,整个式子就等于

268

$$n(4n^2+3n) \cdot n+2n \cdot n(n+1)/2,$$

整理得到 $(2n^2+n)^2$，这恰恰就是原来的左边移去后 n 个平方和之后剩余的那一项！

上述两个等式列表成立的原因惊人地相似，其紧靠等式右边的那个数字都是它们的关键。在第一个列表中，这个数依次是 $2,6,12,20,\cdots$，它们是表达式 $n(n+1)$ 在 $n=1$，$2,3,4,\cdots$ 时的值。在第二个列表中，相应的数是 $4,12,24$，$40,\cdots$，正好是 $n(n+1)$ 的两倍。在第 n 个等式中，左边是 $(n+1)$ 个连续整数而右边则是 n 个。当然，两个系列的通项是不一样的，前一系列等式的两边正好穷尽所有的自然数，而后一个则不然。

看到上述两个列表的这种相似，我们自然会猜测说这种情形还可能继续下去，但事实并非如此。下一个列表中间的数应该是 $[3n(n+1)]^3$，但是我们知道这不可能——因为，第一个等式应该是 $5^3+6^3=7^3$，而费马大定理告诉我们这是不可能的。略微显得有趣的是，这个式子虽然不成立，但它差一点点就成立了，因为 $7^3=343$，而 $5^3+6^3=341$，两数相差的数值仅仅为 2。

由于上述两个系列的等式非常有趣，于是我们尝试寻

找相似的系列等式。对连续非负整数和的情形,很多不同
的限制条件下都可以得到有趣的等式。例如,要求右边和
式的项数比左边少 2,则有:

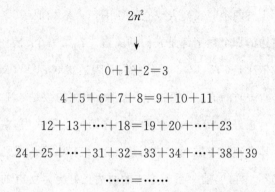

$$2n^2$$

$$\downarrow$$

$$0+1+2=3$$

$$4+5+6+7+8=9+10+11$$

$$12+13+\cdots+18=19+20+\cdots+23$$

$$24+25+\cdots+31+32=33+34+\cdots+38+39$$

$$\cdots\cdots=\cdots\cdots$$

很容易证明,以上系列的第 n 行左边最靠近等号的项为
$2n^2$,左边共有 $2n+1$ 项,而右边则有 $2n-1$ 项。同样有趣的
是,这系列等式恰好穷尽所有的非负整数! 最后要强调一
下,我们这里仅举出一个例子,而事实上很多其他限制条件
也会导致有趣的等式系列,我们把它们留给意犹未尽的读
者来挖掘。

寻找性质相似的连续平方和等式系列的难度较大，我们不作深入的讨论。但我们通过计算机编程寻找，也发现了若干有趣的关于连续自然数平方和的等式，下面我们列举几个，也许读者在赏玩之余能从中发现某种规律。

$$18^2 + 19^2 + \cdots + 33^2 + 34^2 = 35^2 + 36^2 + \cdots + 41^2 + 42^2$$

$$4^2 + 5^2 + \cdots + 37^2 + 38^2 = 39^2 + 40^2 + \cdots + 47^2 + 48^2$$

$$12^2 + 13^2 + \cdots + 49^2 + 50^2 = 51^2 + 52^2 + \cdots + 62^2 + 63^2$$

$$60^2 + 61^2 + \cdots + 109^2 + 110^2 = 111^2 + 112^2 + \cdots + 134^2 + 135^2$$

$$16^2 + 17^2 + \cdots + 141^2 + 142^2 = 143^2 + 144^2 + \cdots + 178^2 + 179^2$$

$$67^2 + 68^2 + \cdots + 158^2 + 159^2 = 160^2 + 161^2 + \cdots + 197^2 + 198^2$$

尤里卡定理

我们在第二章提到,三角形数是形如 $n \cdot (n+1)/2$ 的自然数。高斯在他 1796 年的日记里写道:"尤里卡! num＝△＋△＋△"。这是说,他证明了这样一个定理: 每个自然数都可以写成三个三角形数之和。

四边形数就是完全平方数,因此,四平方和定理告诉我们,每个自然数都可以写成四个四边形数之和。

更一般地,费马在 1638 年不加证明地提出所谓的 "费马多边形数定理",即"每个自然数都可以写成 n 个 n 边形数之和。"拉格朗日在 1770 年证明了 $n＝4$ 的情形(即四平方和定理),高斯在 1796 年证明了 $n＝3$ 的情形,而柯西在 1813 年完整地证明了费马多边形数定理。

我们以 $n＝19$ 为例。首先,三角形数的公式是 $n \cdot (n+1)/2$,而五边形数的公式则是 $n \cdot (3n-1)/2$。因此,0, 1,3,6,10 等是三角形数,而 0,1,5,12,22 等则是五边形数。对 $n＝19$,显然:

$19＝10＋6＋3$,是三个三角形数之和,

$19＝16＋1＋1＋1＝9＋9＋1＋0$,是四个四边形数之和,

$19＝12＋5＋1＋1＋0$,是五个五边形数之和。

上文中我们看到了很多自然数的平方和等式,而古人则对任意自然数的平方和表示问题非常感兴趣。在 1770年代,拉格朗日和欧拉先后独立地证明了这样一个定理:任何一个自然数都可以表示成四个整数的平方和。由于拉格朗日早一年发现这个定理,因此它被称为"拉格朗日四平方和定理"。需要注意的是,这里所说的"四个整数"中,有可能含有若干个 0。

　　这个定理显然是很有趣的,而更有意思的是,有些自然数可以表示成很多很多种不同的"四平方和"形式,而有些却只有一种表示方式。不难证明,所有 2 的奇数次方都只有一种四平方和表示,即

$$2^{2n-1} = (2^{n-1})^2 + (2^{n-1})^2 + 0^2 + 0^2。$$

而计算机验证表明,自然数 1 554 总共有 85 种不同的四平方和表示,9 450 的四平方和表示方式则达到惊人的 664

种！作为例子，下面我们列出 1 554 的 24 种不同的四平方
和表示，至于 1 554 的其他 61 个四平方和表示式，有兴趣的
读者可以编写一段计算机程序来寻找。

序　号	第一个数	第二个数	第三个数	第四个数
01	39	5	2	2
02	38	10	3	1
03	36	13	8	5
04	36	11	11	4
05	35	18	2	1
06	35	13	12	4
07	34	19	6	1
08	34	15	13	2
09	32	17	15	4
10	32	16	15	7
11	31	18	13	10
12	31	16	16	9
13	30	23	10	5
14	30	19	17	2
15	29	24	11	4
16	28	25	9	8
17	28	20	19	3

续表

序　号	第一个数	第二个数	第三个数	第四个数
18	27	26	10	7
19	27	20	20	5
20	26	23	18	5
21	26	22	15	13
22	25	23	16	12
23	24	20	17	17
24	22	22	19	15

第 8 章

数的筛子

在第三章我们证明过"素数有无穷多个"这个事实。然而,素数虽然有无穷多个,它们出现的频率却呈现出下降的趋势。这个趋势很直观地体现在下列表格中:

x	小于 x 的素数个数	素数比例(%)
10	4	40.0
100	25	25.0
1 000	168	16.8
10 000	1 229	12.3
100 000	9 592	9.59
1 000 000	78 498	7.85
10 000 000	664 579	6.65
100 000 000	5 761 455	5.76

解析数论的主要成就之一是证明了描述素数渐近密度的"素数定理"。这个定理说,随着正整数 x 的增大,小于 x

的素数之总数越来越接近于 $x/\ln x$。这意味着,对于很大的 x,小于 x 的素数总数的大致的(或者说渐近的)密度为 $1/\ln x$。再换句话说,一个大小与 x 大致相当的自然数为素数的概率约等于 $1/\ln x$。需要说明的是,这里的对数是自然对数,即以 e 为底的对数。如果你忘记了,或者从来就没有注意到这种对数,那也不要紧,目前我们只要知道 e≈2.718 28 就可以了。素数定理说,相继的两个素数之间的差值平均而言将随着 x 的增大而增加,并给出了增加的大致数值。然而,近年关于孪生素数问题的成果证明,无论 x 有多大,总存在着比 x 大但相差小于 246 的素数对。

无论指定一个多大的数 n,人们都可以找到 n 个连续自然数,使得它们全部都不是素数。举个例子,比如我们想找连续 99 个合数,那么我们可以取如下 99 个数:

$$100!+2, 100!+3, 100!+4, \cdots, 100!+100。$$

显然这些连续的自然数中的第一个可以被 2 整除,第二个可以被 3 整除,其他依此类推。

事实上,上面的取法虽然很容易就得到一个长度为 99 的无素数数串,但这是非常浪费的做法。我们说"浪费",意思是完全没有必要到如此巨大的自然数里去找这样的一串数。100!的数值极为巨大,它是一个 158 位数。素数定理说这个数段中素数之间的平均距离是 360,因此在 100!之前,一定会有很多很多长度至少为 99 的素数间距。

由于计算机的出现,亿万个素数已经被计算出来并且存储在磁盘里,目前从网络上可以免费得到前五千万个素数的列表。通过对这些数据的计算机分析,人们获得了一些有趣的统计结果。其中,相邻素数的差以及这些差出现的频率被制作成了表格。第一次出现 99 个连续合数的时候,其前后的素数分别是 396 733 和 396 833。它们只是 6 位数,与 158 位数相差极远。

话说回来,即便没有计算机的帮助,我们也可以改进做法,在相对小的数里面找到连续 99 个合数。一个简单的做法是:取 Q 为 100 以内所有素数的乘积,即 $Q = 2 \times 3 \times 5 \times \cdots \times 89 \times 97$,则 $Q+2, Q+3, Q+4, \cdots, Q+100$ 连续 99 个数都是合数。应用常用对数可得 $\lg Q \approx 36.36$,因此这里得出的 99 个连续合数都是 37 位数。换个角度看,我们在 37 位数里找到了一个大于或等于 99 的素数间差距。而由于 $\ln 10^{43} \approx 99.01$,素数定理告诉我们,只有当 x 大约为 44

位数时，素数间的平均差距才会达到 99。因此，我们这里的结果要优于平均的情形。

由于素数在自然数列的远处非常稀少，因此我们会想：会不会存在所有项均为合数的等差数列？当然，"是"这个答案我们瞬间就可以得到。一个全部为合数的等差数列的例子是

$$4,6,8,10,12,\cdots,$$

它的所有项都是 2 的倍数。事实上，如果我们将等差数列的首项记为 a 而将公差记为 d，则任何 a 与 d 不互素的等差数列都具有这样的性质：第二项起就都是合数（假设 a 与 b 都是自然数）。因为，如果 a 与 d 有公因数，则它也是数列中每一项的因数。

上述问题的反面是一个相对有意义的问题：我们能否找到互素的 a 和 d，使得相应的等差数列中没有素数？答案

是否定的。狄利克雷的杰出的成就之一,是证明了一个更强的,以他的名字命名的定理:

　　每一个首项与公差互素的等差数列都包含有无穷多个素数项。

　　在 18 世纪,欧拉证明了所有素数的倒数和是无穷大,也就是说,如果 $\{p_n \mid n=1,2,3,\cdots\}$ 是所有素数的集合,则和式 $\displaystyle\sum_{n=1}^{N} \frac{1}{p_n}$ 的值当 N 趋向于无穷的时候的值越来越大,没有任何上界——这种情况我们称级数是"发散"的,它发散到无穷大。狄利克雷引入了一个狄利克雷 $L-$ 函数,在欧拉成果的基础上证明了上述狄利克雷定理。狄利克雷的贡献后来成为解析数论这个重要的数论分支的里程碑。因为难度较大,我们这本小书不可能介绍狄利克雷的具体证明,但我们可以给出一个表格,来直观地展示狄利克雷的结果:

$\{an+d\}$	前若干个素数	素数对应的 n 值
$2n+1$	3, 5, 7, 11, 13, 17, 19, 23, 29, 31,…	1, 2, 3, 5, 6, 8, 9, 11, 14, 15,…

续表

$\{an+d\}$	前若干个素数	素数对应的 n 值
$4n+1$	5, 13, 17, 29, 37, 41, 53, 61, 73, 89,…	1, 3, 4, 7, 9, 10, 13, 15, 18, 22,…
$4n+3$	3, 7, 11, 19, 23, 31, 43, 47, 59, 67,…	0, 1, 2, 4, 5, 7, 10, 11, 14, 16,…
$6n+1$	7, 13, 19, 31, 37, 43, 61, 67, 73, 79,…	1, 2, 3, 5, 6, 7, 10, 11, 12, 13,…
$6n+5$	5, 11, 17, 23, 29, 41, 47, 53, 59, 71,…	0,1,2,3,4,6,7,8,9,11,…

　　狄利克雷定理表明,数列 $\{an+d\}$ 在 a 与 d 互素时包含有无穷多个素数。不仅如此,定理的强化版证明:数列里包含的素数的倒数和趋向于无穷大,也就是发散到无穷大。以表格中的最后一个数列为例,就是

$$\frac{1}{5}+\frac{1}{11}+\frac{1}{17}+\frac{1}{23}+\frac{1}{29}+\frac{1}{41}+\frac{1}{47}+\cdots$$

会没有界限地越来越大。

欧拉函数与欧拉定理

　　如果 n 是一个正整数,欧拉函数 $\phi(n)$ 的值就定义为从 1 到 n 之间与 n 互素的整数的个数。例如,对 $n=21$,由于只有 3 和 7 的倍数与 21 有公因数,因此在 1 与 21 之间有

$$1,2,4,5,8,10,11,13,16,17,19,20$$

共 12 个与 21 互素的整数,因此 $\phi(21)=12$。

关于欧拉函数,欧拉证明了如下"欧拉定理":

如果 k 与 n 互素,那么

$$k^{\phi(n)} \bmod n = 1。$$

也就是说,$k^{\phi(n)}$ 除以 n 时的余数等于 1。

我们举一个例子来验证:我们取 $n=21$, $k=8$。此时

$$k^{\phi(n)} = 8^{12} = 68\,719\,476\,736,$$

而 $68\,719\,476\,736 = 3\,272\,356\,035 \times 21 + 1$,所以,

$$8^{12} \bmod 21 = 1。$$

证明上面这个结论当然不是我们在这里可以做到的,但我们可以介绍一个形式上有些相似的级数和发散到无穷的证明。这个级数叫做"调和级数",它的定义很简单,就是

所有自然数的倒数和:

$$\frac{1}{1}+\frac{1}{2}+\frac{1}{3}+\frac{1}{4}+\frac{1}{5}+\frac{1}{6}+\frac{1}{7}+\cdots。$$

我们把这个表达式的前 n 项和记为 S_n,即

$$S_n = \sum_{k=1}^{n} \frac{1}{k} = \frac{1}{1}+\frac{1}{2}+\cdots+\frac{1}{n}。$$

由于每一项都是正数,所以部分和 S_n 随着 n 的增加而严格地增加。显然,对每一个大于 1 的自然数 n,都存在一个自然数 m,使得 $2^m \leqslant n < 2^{m+1}$。因此,我们有

$$S_n = \sum_{k=1}^{n} \frac{1}{k} \geqslant S_{2^m} = \frac{1}{1}+\frac{1}{2}+\cdots+\frac{1}{2^m}。$$

然而,

$$\frac{1}{1}+\frac{1}{2}+\cdots\frac{1}{2^m}=\frac{1}{1}+\frac{1}{2}+\left(\frac{1}{3}+\frac{1}{4}\right)+\cdots+\left(\frac{1}{2^{m-1}+1}+\cdots\frac{1}{2^m}\right)。$$

以上表达式中共有 $m-1$ 个方括号,第 k 个方括号里面有 2^k 个项,是从 $\frac{1}{2^k+1}$ 到 $\frac{1}{2^{k+1}}$ 的和。由于这个括号里的每一项都大于或者等于 $\frac{1}{2^{k+1}}$,因此,我们有:

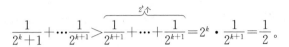

$$\frac{1}{2^k+1}+\cdots\frac{1}{2^{k+1}}>\overbrace{\frac{1}{2^{k+1}}+\cdots+\frac{1}{2^{k+1}}}^{2^k \text{个}}=2^k \cdot \frac{1}{2^{k+1}}=\frac{1}{2}。$$

这样,整个和式的值就大于或等于

$$\frac{1}{1}+\frac{1}{2}+\overbrace{\frac{1}{2}+\cdots+\frac{1}{2}}^{(m-1)\text{个}}。$$

注意,我们说"或等于"的原因是:当 n 恰好等于 2 的时候, m 的值正好等于 1,因此上式中后面的 $(m-1)$ 个 $\frac{1}{2}$ 实际上是一个也没有。在这个特别的情形下,级数的部分和与上式恰好是相等的。然而,无论如何我们都证明了这样一件事实:当 $2^m\leqslant n<2^{m+1}$ 时,成立着不等式

$$S_n\geqslant1+\frac{m}{2}。$$

这证明了级数的部分和 S_n 趋向于无穷大,因而证明了调和级数发散的事实!

在第三章里我们曾经说,级数

$$\sum_{k=1}^{\infty}\frac{1}{k^2}=1+\frac{1}{2^2}+\frac{1}{3^2}+\frac{1}{4^2}+\frac{1}{5^2}+\cdots$$

287

收敛于 $\dfrac{\pi^2}{6}$。也就是说,这个级数的部分和以 $\dfrac{\pi^2}{6}$ 为极限。我

们无法在这里证明这个级数收敛于 $\dfrac{\pi^2}{6}$ 这个特别的数值,但

我们可以证明这个级数收敛,也就是说,证明它的部分和有

极限。我们觉得现在正是介绍这个证明的时机,因为它使

用的技巧和上面证明调和级数发散的技巧有很相似的

地方。

　　与前面介绍的证明相似地,我们记这个级数的部分和

为 S_n,即

$$S_n = \sum_{k=1}^{n} \frac{1}{k^2} = \frac{1}{1^2} + \frac{1}{2^2} + \cdots + \frac{1}{n^2}。$$

　　很明显,对每一个大于 2 的自然数 n,都存在一个自然

数 m,使得 $2^m \leqslant n < 2^{m+1}$。由于 S_n 随着 n 的增加而增大,所

以我们有

$$S_n = \sum_{k=1}^{n} \frac{1}{k^2} \leqslant S_{2^{m+1}-1} = \frac{1}{1^2} + \frac{1}{2^2} + \cdots + \frac{1}{(2^{m+1}-1)^2}。$$

然而,

$$\frac{1}{1^2}+\frac{1}{2^2}+\cdots+\frac{1}{(2^{m+1}-1)^2}=\frac{1}{1^2}+\left[\frac{1}{2^2}+\frac{1}{3^2}\right]+$$

$$\left[\frac{1}{4^2}+\cdots\frac{1}{7^2}\right]+\cdots+\left[\frac{1}{(2^m)^2}+\cdots\frac{1}{(2^{m+1}-1)^2}\right]。$$

以上表达式中总共有 m 个方括号,第 k 个方括号里面有 2^k

个项,即从 $\frac{1}{(2^k)^2}$ 到 $\frac{1}{(2^{k+1}-1)^2}$ 的和。由于这个括号里的每

一项都小于或者等于 $\frac{1}{(2^k)^2}$,因此,我们有:

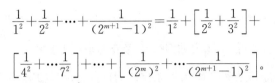

$$\frac{1}{(2^k)^2}+\cdots+\frac{1}{(2^{k+1}-1)^2}<\overbrace{\frac{1}{(2^k)^2}+\cdots+\frac{1}{(2^k)^2}}^{2^k个}=2^k\cdot\frac{1}{(2^k)^2}=\frac{1}{2^k}。$$

这等于是说,整个部分和式 S_n 的值小于

$$\frac{1}{1}+\frac{1}{2}+\frac{1}{2^2}+\cdots+\frac{1}{2^m}。$$

也就是说,我们证明:当 $2^m\leqslant n<2^{m+1}$ 并且 n 大于 2 时,

$$S_n<\frac{1}{1}+\frac{1}{2}+\frac{1}{2^2}+\cdots+\frac{1}{2^m}。$$

我们知道,以上不等式的右边是等比数列的和,它的值永远

小于 2。因此,我们证明了:

$$S_n < 2。$$

也就是说,问题中的级数的部分和是有上界的。由于这个部分和是单调增加的,根据我们以前介绍过的"单调有界原理",级数的部分和数列是收敛的,因此级数也是收敛的。我们这个证明没有给出级数和的具体值,但它还是提供了有用的信息,它告诉我们:级数和是某个小于 2 的数值。

解析数论曾经有一个目标是深化素数定理,对小于 x 的素数之准确总数给出近似公式。一个著名而有用的近似公式记为 $Li(x)$,它是一个积分式 $Li(x) = \int_2^x \frac{du}{\ln u}$。对给定区间中素数的实际数目,应用这个公式可以得到一个极为接近的近似值。下面所列的是简缩后的相关数据,表中的 N 是小于 x 的素数的准确数目。我们看到,虽然所有 $Li(x)$ 的值都超过准确的 N,但这个估计式的相对误差随着 x 的增大以相当快的速度减小。

x	N	$Li(x)$	$d=Li(x)-N$	d/N（相对误差）
1 000	168	178	10	0.060
10 000	1 229	1 246	17	0.014
100 000	9 592	9 630	38	0.004
1 000 000	78 498	78 628	130	0.001 7
10 000 000	664 579	664 918	339	0.000 5

　　我们看到，不仅所有 $Li(x)$ 的值都超过准确值，这个差值 d 还随着 x 的增大而逐渐增大。那么，是不是公式总是估计过头？或者说，$Li(x)$ 是不是从上方逐渐逼近 N？从表中看似乎是这样，但这是我们样本太小的结果。英国数学家李特伍德证明差值 d 不止一次改变符号，随着 x 趋向于无穷其正负改变无穷多次。那么，d 第一次变成负值时的 x 有多大？答案是未知的，但数学家们一直在研究 x 的上界。目前最好的上界估计是 $e^{727.951\,338\,611}$。也就是说，对某个小于 $e^{727.951\,338\,611}$ 的 x 值，d 的符号会改变。我们知道，$e^{727.951\,338\,611}$ 的值约为 1.397×10^{316}，因此在一般实际应用的范围内，$Li(x)$ 几乎总是过分估计了素数的数目。

定积分的例子

本章出现一个定积分，即 $Li(x) = \int_2^x \frac{du}{\ln u}$。对于没有学过高等数学的读者，我们借这个机会介绍一下定积分的概念。

对连续函数 $f(x)$，它在区间 $[a,b]$ 上的定积分记为 $\int_a^b f(x)dx$。从几何角度看，函数 $f(x)$ 在 $[a,b]$ 上与 x 轴，$x=a$，$x=b$ 三条直线围成一个"曲边梯形"，这个定积分的数值就是这个曲边梯形的（带正负号的）面积。当曲线位于 x 轴上方时，面积值为正数，反之则为负数。

例如，$\int_0^1 x^2 dx$ 就是如下曲边三角形的面积：

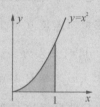

阿基米德的计算方法

阿基米德曾经计算过上述曲边三角形的面积。他的计算方法是这样的：

将 $[0，1]$ 区间作 n 等分，等分点分别是：

$$x_0=0，x_1=\frac{1}{n}，x_2=\frac{2}{n}，\cdots，x_k=\frac{k}{n}，\cdots，x_n=\frac{n}{n}=1。$$

如图所示，我们在抛物线下方画出 $(n-1)$ 个小矩形，由于曲线是 $y=x^2$，第 k 个小矩形的高度等于 $x_k^2=\frac{k^2}{n^2}$。因此，这些小矩形的

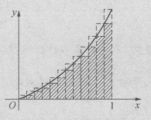

面积和就等于

$$S_n=\frac{1}{n}\cdot\frac{1^2}{n^2}+\frac{1}{n}\cdot\frac{2^2}{n^2}+\cdots+\frac{1}{n}\cdot\frac{(n-1)^2}{n^2}。$$

我们知道，前 n 个自然数的平方和等于 $\dfrac{n(n+1)(2n+1)}{6}$，于是，

$$S_n=\frac{1}{n^3}\cdot[1^2+2^2+\cdots+(n-1)^2]$$

$$=\frac{1}{n^3}\cdot\frac{(n-1)\cdot n\cdot(2n-1)}{6}=\frac{1}{6}\cdot\left(1-\frac{1}{n}\right)\cdot\left(2-\frac{1}{n}\right)。$$

相似地,图中高出曲线的 n 个小矩形的面积和等于

$$T_n = \frac{1}{n^3} \cdot \left[1^2 + 2^2 + \cdots + n^2 \right]$$

$$= \frac{1}{n^3} \cdot \frac{n \cdot (n+1) \cdot (2n+1)}{6} = \frac{1}{6} \cdot \left(1 + \frac{1}{n} \right) \cdot \left(2 + \frac{1}{n} \right)$$

显然,曲边三角形的面积 S 满足:$S_n < S < T_n$。随着 n 的无限增大,$1/n$ 的极限趋向于 0,因而 S_n 与 T_n 都趋于 $\frac{1}{6} \times$

$1 \times 2 = \frac{1}{3}$。所以,阿基米德说,这个曲边三角形的面积就必然等于 $1/3$。这就是说:

定积分 $\int_0^1 x^2 dx = 1/3$。

在第 3 章我们提到,不存在结果仅为素数的公式。本质上说,寻找素数的唯一办法就是古希腊的厄拉多塞所创设的"筛法"。我们首先写下我们所关心的范围内所有的自然数:$1, 2, 3, 4, \cdots$。其次,划掉所有我们知道不是素数的数,

剩下来的就是一个素数表。例如,第一步我们保留 2,但划去其后所有的偶数;接着,我们干掉除了 3 之外所有还没有被划掉的 3 的倍数。现在,我们不需要除掉 4 的倍数,因为它们在划掉偶数时已经被去掉了。总之,我们的下一步总是从下一个未被划去的数开始,去除它本身之外所有它的倍数。这样,除了 5 本身以外所有 5 的倍数就被去掉了,剩下的素数全部都包含在模 10 的余数为 1,3,7,9 的数中。我们把尾数为 1,3,7,9 的这些数列为以上图表,为了节省空间,表中的数只列到 100 为止,但理论上这个过程可以无限继续下去。表中可以被 3 整除的数用单线划去,而被 7 整除的数则用双线。在这个简短的范围内,我们的搜索至此即已完成。剩下的所有数,去掉 1 然后加上 2 和 5,就是 100 以内所有的 25 个素数。我们不需要检查其中是否有可以被 11,13 等整除的数,这是由于 11 > $\sqrt{100}$,因此如果一个 100 以内的数可以被 11 整除,则所得商的数值小于 11,因而已经被作为除数检查过。

1	3	7	9̸
11	13	17	19
2̸1̸	23	2̸7̸	29
31	3̸3̸	37	3̸9̸
41	43	47	4̸9̸
5̸1̸	53	5̸7̸	59
61	6̸3̸	67	6̸9̸
71	73	7̸7̸	79
8̸1̸	83	8̸7̸	89
9̸1̸	9̸3̸	97	9̸9̸

下面的图表是筛的一种有趣的变体，它对一个数是否为素数可以立刻给出答案。表中的第一行和第一列都是首项 $a=4$，公差

4	7	10	13	16	·
7	12	17	22	27	·
10	17	24	31	38	·
13	22	31	40	49	·
16	27	38	49	60	·
·	·	·	·	·	

$d=3$ 的等差数列。其他行的首项 a 已经由此给定，对于其公差 d，则在第二行用 5，第 3 行用 7，其他依此类推。现在，我们有这样一个简单的判别法：

如果 x 是一个大于 2 的奇数，则它是素数的充分必要条件是 $\dfrac{x-1}{2}$ 不在表中出现。

这个判别定理有各种各样的证明方式，我们介绍其中的一种：令

$$n=\frac{x-1}{2},$$

则

$$x=2n+1。$$

判别定理说 x 为合数当且仅当 n 在上列图表中出现。然而

我们真正感兴趣的不是这个图表中的数,而是它们的两倍加一。因此,我们以两倍加一替代表中的每个数,以此构造如下的新图表:

$$
\begin{array}{ccccccc}
9 & 15 & 21 & 27 & 33 & \cdot \\
15 & 25 & 35 & 45 & 55 & \cdot \\
21 & 35 & 49 & 63 & 77 & \cdot \\
27 & 45 & 63 & 81 & 99 & \cdot \\
33 & 55 & 77 & 99 & 121 & \cdot \\
\cdot & \cdot & \cdot & \cdot & \cdot & \\
\end{array}
$$

现在,一切看起来就比较明显了。这个表中不包含有任何偶数,其第一行以及第一列包含除 3 之外所有 3 的奇数倍,第二行包含的是除 5 之外所有 5 的奇数倍,其他依此类推。因此,这个表中列出的恰好是所有奇的合数。

　　虽然有些数在这个表中出现不止一次,但这个表还是很有效率地略去了所有的偶数——或者说,所有的偶数都被这个筛子筛除。然而我们知道 2 是唯一的偶素数,因而定理所判别的是除了 2 之外的所有素数,即所有奇素数。

　　怎么会这样呢? 背后必然隐藏着有趣的数学! 确实是的。我们把前后两个图表中的第 n 行、第 k 列分别记为 $a(n,k)$ 和 $b(n,k)$。显然,在前一个图表中,第一列的通项公

式是 $3n+1$。由于第一行的公差为 3,此后每行公差增加 2,因此第 n 行的公差为 $2n+1$。这样,由 $a(n,k)$ 是第 n 行相应的等差数列的第 k 项,所以有:

$$a(n,k)=(3n+1)+(2n+1)(k-1)=2nk+n+k。$$

根据后一图表的构造方式,即 $b(n,k)=2a(n,k)+1$,我们立即得到:

$$b(n,k)=4nk+2n+2k+1=(2n+1)(2k+1)。$$

这就是说,后一图表中的第 n 行都是 $2n+1$ 的(大于 1 的)奇数倍,第 k 列则都是 $2k+1$ 的(大于的)奇数倍,因此它包含所有的奇合数!

素数必须在某个针对性的运算过程中被"筛选"出来,它们甚至可以用这种方式来定义,本章的名称正是基于这一事实。我们可以用完全系统化的方式写下所有的合数,上文后一个图表就是一个例子。素数就是剩下的、没有写出来的那部分,这就像是削下肌肉之后剩下的光秃秃的骨头。这个比喻大体上可以说是一个不错的比喻:因为如果没有骨架,那么一个结构就无法站立。而正是素数这种类似"盛宴之后的剩余"的特性,使得数论专家们怀疑:我们是否可以找到一个构建素数的公式?

　　乌拉姆是美国洛斯阿拉莫斯科学实验室数学部的主
任,他带领研究团队使用筛法,发现了一种他们称为"幸运
数"的数字集群。用厄拉多塞的筛法时,
我们从依次写下"所有"的自然数开始,
当然,我们只用前一百个数来作示范。
如果我们留下 1,然后每隔一个数就划
掉一个,则我们去掉所有的偶数而留下
如右所示的图表。依厄拉多塞的筛法,
我们下一步将划掉所有 3 的倍数,因为

1	3	5	7	9
11	13	15	17	19
21	23	25	27	29
31	33	35	37	39
41	43	45	47	49
51	53	55	57	59
61	63	65	67	69
71	73	75	77	79
81	83	85	87	89
91	93	95	97	99

3 是下一个存留下来的数。但我们这里的规则不一样:我们
现在在留下的数中每三个数划掉一个。这样,5,11,17,23
等都被划掉,我们以单条斜线为记号。接下来存留的数字
是 7,因此我们接着在留下的数中每七个数划掉一个,用两
道斜线标记。这样我们就砍掉了 19,39 等等。然后再每 9

个数,每 13 个数地不断进行下去,而相应的斜线数也逐次增加。

这种做法的结果,那些最后存留下来的数被称为"幸运数"。在我们的小于 100 的短表中,幸运数共有 23 个,其中 10 个凑巧是素数,其余的 13 个是合数。可否整除在这种运算中不起作用,因此运算所得到的结果,或者说"筛选"出来的结果并不都是素数。然而,研究发现,幸运数与素数序列拥有很多共同的渐近性质。例如,它们的渐近密度都是 $1/\ln N$。而在计算机搜索能力的范围内,孪生素数对与孪生幸运数对的个数也展示了惊人的相似性。此外,在计算机可计算的范围内,每一个偶数都可以表示为两个幸运数之和,因此我们可以提出幸运数版本的哥德巴赫猜想。

幸运数拥有那么多被认为是素数独有的性质,这非常令人惊奇,这些发现让一些数学家对素数的看法产生了改变。一些数学家觉得:如果这些性质只是应用筛法的结果,而与是不是素数没有关系,那么素数的一些特有的性质实际上很可能不是独特的。正如上面所说的,传统筛法所"筛选"出来的素数,它的分布规律与幸运数没有什么区别,因此人们会猜测哥德巴赫猜想可以有"幸运数版本"。这,很可能意味着哥德巴赫猜想所蕴含的关于素数的性质其实只是筛法带给素数的某些特质。再推广开来，以哥德巴赫猜想为例，也许我们可以猜测：如果原始版的哥德巴赫猜想成立，那么对自然数以某"合适"的方式实施传统筛法，所筛选出来的数集上相应版本的哥德巴赫猜想也会成立。然而，什么是所谓"合适"的筛选方法？这是一个模糊而深奥的难题。

素数与密码

素数在当代密码技术中有着极为重要的应用。目前最重要的一种加密算法，就是根据素数的性质而发明出来的。这种算法，就是大名鼎鼎的 RSA 加密算法。

我们说过，人们已经利用计算机计算出了非常多的素数，RSA 算法就使用长达数百位的巨大素数。

使用 RSA 算法加密时，首先要挑选出两个数百位长的巨大素数 p 和 q，然后把它们乘起来，得到一个非常大的自然数 n。对这个 n 进行一系列技术操作，然后用它对信息进行加密。而这些操作的还原，只有在知道 p 和 q 的前提下才有可能。

　　比方说,你的朋友静静想要传送给你一条需要保密的信息。这时,你只需要计算出这样一个 n,然后把 n 传送给静静,并告诉她把信息转化成数字串之后,用 n 对它加密的办法。她传送出的这条加密后的信息,只有知道 p 和 q 的你才能够从中还原出信息的内容。任何其他人,即使截获了这条加密的信息,并且拥有世界上最快的计算机,以及最先进的破解密码的学问,也不可能从中获得丝毫真实的内容。

　　这种编码方式是革命性的:你可以公开向朋友传送的 n 以及 n 的用法,朋友同样可以公开向你传送加密后的信息。它们根本不需要保密,任何获得这些公开的信息的人都无法知道加密信息的内容!

　　正由于这个原因,这种划时代的加密技术就称为"公开密钥密码术"。

RSA 算法

首先找出两个巨大的素数 p 和 q，计算出它们的乘积 $n = p \cdot q$。由于 p 和 q 都是素数，在介于 1 和 n 之间，只有 p 和 q 的倍数与 n 不是互素的。因此，$\phi(n) = (p-1)(q-1)$。

接下来，我们还需要找到两个自然数 k 和 l，使它们的乘积等于 $\phi(n)$ 的整数倍加 1。也就是说，它们满足：$k \cdot l \pmod{\phi(n)} = 1$。

现在，我们手上有 p, q, l, k 和 n 则五个数，其中 p, q 和 l 需要保密，而 k 和 n 则可以向所有人公开。

假设，我们把 k 和 n 公开发送给朋友，比如说静静。静静把她要发送的信息转换成数字 m，然后计算 $m^k \bmod n$，将结果记为 r，并把它通过公开渠道发送给我们。

收到 r 之后，我们计算 $r^l \pmod{n}$。由于 $r^l = (m^k)^l = m^{k \cdot l}$，而 $k \cdot l \pmod{\phi(n)} = 1$，因此，存在一个整数 s，使得 $k \cdot l = s \cdot \phi(n) + 1$。于是，

$$r^l \bmod n = m^{k \cdot l} \pmod{n} = m^{s \cdot \phi(n)+1} \pmod{n} = m \cdot (m^{\phi(n)})^s \pmod{n}.$$

根据欧拉定理，$m^{\phi(n)} \pmod{n} = 1$，我们得到：

$$r^l \pmod{n} = m \cdot (m^{\phi(n)})^s \pmod{n} = m \pmod{n} = m。$$

就这样,我们利用手中的 $\phi(n)$、l 和 n,解出了原始信息 m! 而由于 p 和 q 都是巨大的素数,由于大数因数分解的难度,任何人即便知道 k 和 n,也无法计算出解密所需要的 $\phi(n)$ 和 l!

哥德巴赫猜想至今没有得到证明,但我们距离证明它看起来似乎并不遥远。到目前为止,关于哥德巴赫猜想的重要结果大多是应用筛法取得的。当然,数学家们做出了很多筛法的改进,创造了很多高难度系数的技巧。

哥德巴赫猜想在中国极为著名,甚至可以说是公众认为的最重要的数学问题。但是,哥德巴赫猜想也给大众带来几个重要的误解。一个相当普遍的误解是:我们有很多人认为"1+2"等于多少是需要证明的,而有些人甚至说人类到现在都没有证明"1+1"等于几。

由于公众的误解,也由于中国数学家对哥德巴赫猜想问题的杰出贡献,我们有必要在这里对这个猜想的相关知识做一个相对简单的介绍。

首先,简单而通俗地说,哥德巴赫猜想所说的是:

任何一个大于 2 的偶数,都可以写成两个素数的和。

例如:$4=2+2$;$6=3+3$;$8=3+5$;$10=3+7$;如此等等。这个猜想对相对小的偶数是很容易验证的,在 1938 年就有人用手工计算验证了 10 万以内的所有偶数。计算机问世之后,人们开始利用计算机来验证这个猜想,截至 2016 年,人们已经验证了 4×10^{18} 以内的所有偶数,而结果不出意料:所有被验证的数都符合哥德巴赫猜想。

顾名思义,"哥德巴赫猜想"当然是由哥德巴赫首先陈述的,而这个陈述是否正确的问题至今还没有得到解决。克里斯蒂安・哥德巴赫(1690—1764)是德国数学家,他研究的主要方向是数论。他虽然有几个在数论方面可以称为"重要"的工作,但青史留名的原因仅仅是因为他在 1742 年提出了我们正在谈论的这个猜想。值得一提的是,哥德巴赫本来的专业是法学,在一定意义上他只能算是业余数学家。

哥德巴赫的猜想提出来之后的 160 多年里,对它的研究没有获得什么重要的结果。然而,1900 年希尔伯特在第二届国际数学家大会上提出 23 个著名的"希尔伯特问题"时,把哥德巴赫猜想纳入了其中的第八个问题,这引起了研究这个猜想的热潮。这个研究热潮持续了数十年,其间大量数学家投身于对这个猜想的研究,发明了"圆法",并且在传统筛法的基础上创造出许多新的"筛选"技巧。

哥德巴赫猜想说"任何一个大于 2 的偶数,都可以写成两个素数的和",对这个猜想的研究在 1920 年代取得了很多进展,但也遇到了难以逾越的困难。因此,数学家们提出了比原始的哥德巴赫猜想"弱"的命题,他们开始针对给定自然数 m 和 n 研究这样的猜想:

任何一个大于 2 的偶数,都写成这样的两个数之和:第一个数的素因数不超过 m 个,而第二个数的素因数不超过

n 个。

研究哥德巴赫猜想的数论专家们为了表达简便,把"一个大于 2 的偶数"记成"1",把"一个素因数不超过 m 的数"记成"m"。基于这样的记号,这个"弱"猜想就可以用符号写成"$1=m+n$"。也就是说,这个所谓的"等式"的左边代表的是"一个大于 2 的偶数",而右边的"m"表示"一个素因数个数不超过 m 的数",右边的"n"表示"一个素因数个数不超过 n 的数"。显然,当 m 和 n 都等于 1 时,这个猜想就等于原始的哥德巴赫猜想。

如果我们知道以上据说的这些符号的真正涵义,我们就不会对相应的"$1+2$"或者"$1=1+1$"之类的记号产生误解,以讹传讹了。

在上述记号之下,数学家们兵分两路,一路致力于同时降低"$m+n$"中的 m、n 两个数,另一路则努力对尽量小的 n 证明"$1+n$",而他们主要的工具恰恰就是筛法。在 1920 至 1960 年代,两个方向上的数学家都取得了丰硕的成果,我们将这方面的主要成果列表如下:

年　份	数　学　家	结　果
1920	布朗	"9+9"
1924	拉代马海尔	"7+7"
1932	埃斯特曼	"6+6"
1938	布赫希塔布	"5+5"
1940	布赫希塔布	"4+4"
1954	孔恩	"$a+b$"($a+b<7$)
1956	王元	"3+4"
1956	维诺格拉多夫	"3+3"
1957	王元	"$a+b$"($a+b<6$)
1957	王元	"2+3"

年　份	数　学　家	结　果
1948	兰伊	"1+6"
1962	潘承洞	"1+5"
1962	王元,潘承洞	"1+4"
1965	维诺格拉多夫,布赫希塔布,庞皮艾黎	"1+3"
1966	陈景润	"1+2"（1973 年发表）

　　从以上表格中我们看到,中国数学家对哥德巴赫猜想的研究工作非常出色,其中陈景润证明了至今最好的结果。但我

们再一次提醒读者们注意,按照我们先前的介绍,所谓"1+2",
也就是陈景润所证明的结论,它的真正意义是:

> 任何一个大于 2 的偶数,都写成这样的两个数之和:第
> 一个数是素数,而第二个数的素因数不超过 2 个。

在这个结论中,"素因数不超过两个"当然就是"要么恰
好有两个素因数,要么就是素数"的意思,如果有人可以把
"两个素因数"这种可能性排除掉,那么哥德巴赫猜想也就
得到了证明。从这个意义上说,陈景润的结果距离解决哥
德巴赫猜想"只有一步之遥"。然而,时间过去了四五十年,
陈景润去世也已经 20 多年,数学界却没有能够跨越这一
步。不少数学家认为,陈景润已经把筛法用到登峰造极的
地步,不开发出新的工具的话,解决这个猜想可能遥遥
无期。

最后,我们想在这里提醒所有的数学爱好者:哥德巴赫
猜想经过全世界数以百计的顶尖数学家的长期钻研,至今
仍然没有完全解决。在当前知识范围内,所有解决猜想的

可能方法都已经被仔细而反复地推敲过。因此,如果没有至少数学专业研究生以上的正规教育,仅凭热情和雄心,解决这个猜想是不可能的。我们希望,所有有雄心想要解决这个难题的数学爱好者们,在成为数学专家之前不要在这个问题上浪费青春。

希尔伯特

大卫·希尔伯特(1862—1943)是德国著名数学家,作为哥廷根学派的领袖,希尔伯特是 19 世纪末至 20 世纪初全球数学界的旗帜,被誉为"数学界的无冕之王"。希尔伯特的研究范围十分广泛,他在不变量理论、代数数域理论、积分方程、一般数学基础等领域中都做出了重大甚至开创性的贡献。

在 1900 年巴黎第二届国际数学家大会上,希尔伯特发表了题为《数学问题》的著名讲演,提出了 23 个最重要的数学问题,即所谓的"希尔伯特问题"。这些问题的提出,在此后的 100 年间积极推动了数学的发展。在所有23 个希尔伯特问题中,至今已有 10 个问题获得圆满解决,有 7 个得到部分解决,有 2 个因含义不清而未被深入研究,此外的 3 个数学问题及 1 个物理问题至今悬而未决。

希尔伯特相信科学的力量,他曾在一次演讲中发出这样的豪言:"我们必须知道,我们必将知道。"后来,这句话就刻在了他的墓碑上。

第 9 章

连 分 数

现在,我们回过头来,重新考察一下第 3 章提到的辗转相除法。当时,我们用这个算法证明 15 与 49 是互素的,即它们除了 1 之外没有别的公因数。算法中的第一个操作是用 15 来除 49。换一个写法,这一步可以写成

$$\frac{49}{15} = 3 + \frac{4}{15}。$$

根据这个算法,接下来我们要用 4 来除 15。为了将这个除法运算写成新的形式,我们将它写成

$$\frac{49}{15} = 3 + \cfrac{1}{\cfrac{15}{4}}$$

$$= 3 + \cfrac{1}{3 + \cfrac{3}{4}}。$$

下一个除法是以 3 除 4,我们再次倒过来写:

$$\frac{49}{15}=3+\cfrac{1}{3+\cfrac{1}{\cfrac{4}{3}}}$$

$$=3+\cfrac{1}{3+\cfrac{1}{1+\cfrac{1}{3}}}。$$

由于已经得到公因数为 1,通常我们在这里就停止了。我们有时会再多做一步,但如果那样做,我们就会因为 3 可以被 1 整除而得到余数为 0,而这也是在公因数为 1 时辗转相除法终止的步骤。

上述多层分数的表达式

$$=3+\cfrac{1}{3+\cfrac{1}{1+\cfrac{1}{3}}}$$

称为 $\frac{49}{15}$ 的"连分数展开式"。我们已经看到,它与辗转相除法有着密切的联系。

假设我们现在删去最后一个分数 $\frac{1}{3}$,然后计算余下的分数,则得到

$$3+\cfrac{1}{3+\cfrac{1}{1}}=\frac{13}{4}。$$

这个分数自然不会等于一开始的分数 49/15。当然,我们也不会期望它们相等,我们因为扔掉了 $\frac{1}{3}$ 而改变了原来的分数。两个分数不相同,然而它们相差多少呢? 答案是相差不多,即

$$\frac{49}{15}-\frac{13}{4}=\frac{49\times4-13\times15}{15\times4}=\frac{196-195}{60}=\frac{1}{60}。$$

扔掉那个 $\frac{1}{3}$ 所导致的表达式改变值仅有 $\frac{1}{60}$。但那也许是运气? 我们因此再试一试另一个数:

$$\frac{77}{34}=2+\frac{9}{34}$$

$$=2+\cfrac{1}{\cfrac{34}{9}}$$

$$=2+\cfrac{1}{3+\cfrac{7}{9}}$$

$$=2+\cfrac{1}{3+\cfrac{1}{\cfrac{9}{7}}}$$

$$=2+\cfrac{1}{3+\cfrac{1}{1+\cfrac{2}{7}}}$$

$$=2+\cfrac{1}{3+\cfrac{1}{1+\cfrac{1}{\cfrac{7}{2}}}}$$

$$=2+\cfrac{1}{3+\cfrac{1}{1+\cfrac{1}{3+\cfrac{1}{2}}}}。$$

这回最后一个分数部分是 $\dfrac{1}{2}$，它也是我们后面要扔掉的部分。扔掉最末这个分数，整理所得的连分数，则得

$$2+\cfrac{1}{3+\cfrac{1}{1+\cfrac{1}{3}}}=\frac{34}{15}。$$

为了比较，我们像前面一样从 77/34 中减去这个分数：

$$\frac{77}{34}-\frac{34}{15}=\frac{77\times15-34\times34}{34\times15}=\frac{1\,155-1\,156}{510}=-\frac{1}{510}。$$

这个差的值比前一例还要小，并且还是一个负数。事实上，

重要的事情不在于差值的大小,而是两个例子里这个差的分子都是1。

这不是巧合。虽然我们省略了,但是不难证明,当分数的分子与分母互素时——即约分到不能再约时,如上所得之差的分子都会恰好等于1。

从这个简单的事实出发,我们可以得到若干意料之外的结果。

线性方程

$$49x - 15y = 1$$

有无穷多组(x, y)为其解:只要选择一个 x 代入,然后解出 y 即可,问题是它们往往不是整数解组。那么,这个方程有丢番图解吗? 也就是说,有没有整数对(x, y)满足这个方程? 答案是肯定的,我们刚才就找到了一组,即 $x = 4$, $y = 15$。倒回去一两页纸,我们会看到如下等式:

$$\frac{49 \times 4 - 13 \times 15}{15 \times 4} = \frac{1}{60}。$$

两边同时乘以 60,即得到

$$49 \times 4 - 13 \times 15 = 1。$$

在这里,找出数对$(4,15)$的方法是用连分数展开,它本质上和辗转相除法等价。事实上,我们在第 4 章讨论同余方程时,就已经用辗转相除法求解了。

然而,上述方法使用起来还需小心,假如原始方程是

$$77x-34y=1,$$

那么以上步骤得到的是:

$$77\times15-34\times34=-1,$$

这与原来方程的解差了一个负号。不过,我们的工夫并没有白费,它已经提供了解决问题的办法。如果用连分数的想法,我们只要将 77/34 的连分数展开再额外进行一步就可以了。换句话说,我们把 $\frac{1}{2}$ 写成

$$\cfrac{1}{1+\cfrac{1}{1}},$$

然后去掉式子里的 $\frac{1}{1}$,就可以得到方程的一个解:

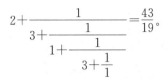

$$2+\cfrac{1}{3+\cfrac{1}{1+\cfrac{1}{3+\cfrac{1}{1}}}}=\frac{43}{19}。$$

像前面那样计算差值,即有

$$\frac{77}{34}-\frac{43}{19}=\frac{77\times19-34\times43}{34\times19}=\frac{1\,463-1\,462}{646}=\frac{1}{646},$$

由此即得

$$77\times19-34\times43=1,$$

因而 $x=19,y=43$ 是方程的一组解。

需要说明的是,这个解也可用另一个更为浅显的办法得到:从连分数我们已经得到等式

$$77\times15-34\times34=-1,$$

它可以写成

$$77\times(-15)-34\times(-34)=1。$$

所以 $x=-15,y=-34$ 是方程的一组非正整数的解。但是,在方程左边添加 $77\times34-34\times77$ 这样一个值等于 0 的式子,我们就会得到:

$$77\times(34-15)-34\times(77-34)=1,$$

由此同样可得到 $x=19, y=43$ 这组解。

为什么会有人想要得到（正）整数解？因为人类认识数字是从整数开始的，也因为整数在日常生活中更让人习惯，也更方便。事实上，中国古代数学书中偶尔会出现这类算题。这里，我们抛开古人的原题，自己来仿造一个体现"现实"生活场景的算题：

狐皮裘一件的价格是 77 个钱，羊皮裘一件的价格是 34 个钱。某人发现他所有的钱刚好可以买若干狐皮裘，但买若干羊皮裘后会剩下一个钱。问题是：这个人总共有多少个钱？

如果把狐皮裘的件数记为 F，而羊皮裘的件数记为 G，则我们可以列出等式

$$77F=34G+1,$$

或

$$77F-34G=1。$$

而我们刚刚得到 $F=19,G=43$ 是满足方程的解。因此,这个人总共有 $77\times19=1\,463$ 个铜钱——看来,问题中的这个人是个做皮衣生意的。

然而,正如我们前面所做的,我们可以在方程的左边任意添加任意多个 $77\times34-34\times77$,因此 $(19,43)$ 并不是方程唯一的解。我们不难发现,方程有这样的通解:

$$F=19+34N,$$

$$G=43+77N。$$

如果算题里的这个人真是做皮衣生意的,说不定他的生意比较大,因此他的钱足够买 $F=19+34=53$ 件狐皮裘也是可能的。所以严格地说,这个问题的答案不能唯一肯定。

问题的这些解在几何上的图形也饶有趣味。$(19,43)$ 这个点两个坐标都是整数,是平面上的"格点",就是平面上坐标为整数的水平线与铅直线构成的坐标网格上的交点。线性方程

$$77x-34y=1$$

的图形是一条通过格点 $(19,43)$ 的直线。这条直线通过无穷多个格点,沿着"正方向"的下一个格点是 $(53,120)$。

如果 a 和 b 互素,那么正如我们上面所指出的,不定方程

$$ax - by = 1$$

会有无穷多个解。因此,方程

$$ax - by = c$$

同样也有无穷多个解。因为我们只要解出前一个方程,然后把它的解乘以系数 c 就可以了。而如果 a 与 b 不是互素的,那么不难证明,后一个方程有(整数)解的充分必要条件是:c 可以整除 a 与 b 的最大公因数。当然,有解的时候解也会是无穷多个。

虽然我们总是可以把有限的连分数展开式逐步化简成单个分数 p/q,但任何无理数显然都不可以写成有限的连分数展开式。所以,如果一个无理数被写成连分数展开式,那么这个展开式必定是无穷尽的。我们下面来考察某些无理数的连分数展开。

您觉得我们首先应该考察哪种无理数？也许,我们的看法是一致的:应该先考察平方根。但是,为了显得有点儿个性,我们要先把 $\sqrt{2}$ 放在一边,先来考察 $\sqrt{3}$ 的连分数展开。

我们首先对 $\sqrt{3}$ 加上 1 再减去 1,由于 $\sqrt{3}$ 值的整数部分等于 1。于是,

$$\sqrt{3}=1+\sqrt{3}-1。$$

我们在将分数写成连分数时用了颠倒分数的做法,因此,对上式中小于 1 的部分 $\sqrt{3}-1$,我们也依样画葫芦:

$$\sqrt{3}=1+\cfrac{1}{\cfrac{1}{\sqrt{3}-1}}。$$

现在,末尾分数的分母 $\dfrac{1}{\sqrt{3}-1}$ 可以通过乘上 $\dfrac{\sqrt{3}+1}{\sqrt{3}+1}$ 而有理化:

$$\sqrt{3}=1+\cfrac{1}{\cfrac{\sqrt{3}+1}{(\sqrt{3}-1)(\sqrt{3}+1)}}$$

$$=1+\cfrac{1}{\cfrac{\sqrt{3}+1}{3-1}}。$$

这就是说,

$$\sqrt{3} = 1 + \cfrac{1}{\cfrac{\sqrt{3}+1}{2}}。$$

我们看到,后面分数的分母 $\dfrac{\sqrt{3}+1}{2}$ 是一个大于 1 的数,它可以写成一个正整数加上一个小于 1 的正数,即

$$\frac{\sqrt{3}+1}{2} = 1 + \frac{\sqrt{3}-1}{2}。$$

接下来,我们再次依样画葫芦,把 $\dfrac{\sqrt{3}-1}{2}$ 写成倒数的形式,并且有理化它的分母:

$$\frac{\sqrt{3}-1}{2} = \cfrac{1}{\cfrac{2}{\sqrt{3}-1}} = \cfrac{1}{\cfrac{2(\sqrt{3}+1)}{(\sqrt{3}-1)(\sqrt{3}+1)}} = \frac{1}{\sqrt{3}+1},$$

我们得到:

$$\frac{\sqrt{3}+1}{2} = 1 + \frac{\sqrt{3}-1}{2}$$

$$= 1 + \cfrac{1}{\sqrt{3}+1} = 1 + \cfrac{1}{2+(\sqrt{3}-1)}。$$

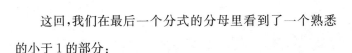

这回,我们在最后一个分式的分母里看到了一个熟悉的小于 1 的部分:

$$\sqrt{3}-1。$$

回顾上面的运算过程,我们有:

$$\sqrt{3}-1=\cfrac{1}{\cfrac{\sqrt{3}+1}{2}}=\cfrac{1}{1+\cfrac{1}{\sqrt{3}+1}}=\cfrac{1}{1+\cfrac{1}{2+(\sqrt{3}-1)}},$$

因此,我们可以把 $\sqrt{3}-1$ 的这个式子代入到最后得到的分数里,也就是说,我们有:

$$\sqrt{3}-1=\cfrac{1}{1+\cfrac{1}{2+(\sqrt{3}-1)}}=\cfrac{1}{1+\cfrac{1}{2+\cfrac{1}{1+\cfrac{1}{2+(\sqrt{3}-1)}}}}$$

事实上,没有什么理由可以阻止我们这样重复下去。所以,我们勇敢地让它无限地继续下去,最终得到:

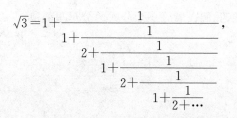

$$\sqrt{3}=1+\cfrac{1}{1+\cfrac{1}{2+\cfrac{1}{1+\cfrac{1}{2+\cfrac{1}{1+\cfrac{1}{2+\cdots}}}}}},$$

无穷的连分数形式的具体意义是什么？其实没有什么神秘的，它表示了一个通项是有限连分数的无穷数列，我们把这个连分数数列称为相应无穷连分数的"渐进数列"（注意，对连分数的情形我们用"渐进"而不是"渐近"）。如果这个数列有极限，那么我们就认为以上这个表达式确实就是$\sqrt{3}$的连分数展开式。为了考察这个有限连分数数列的变化趋势，我们来计算它最前面的几项：

$$C_0=1 \qquad\qquad =\frac{1}{1}$$

$$C_1=1+\frac{1}{1} \qquad\qquad =\frac{2}{1}$$

$$C_2=1+\cfrac{1}{1+\cfrac{1}{2}} \qquad\qquad =\frac{5}{3}$$

$$C_3 = 1 + \cfrac{1}{1 + \cfrac{1}{2 + \cfrac{1}{1}}} \qquad = \frac{7}{4}$$

$$C_5 = 1 + \cfrac{1}{1 + \cfrac{1}{2 + \cfrac{1}{1 + \cfrac{1}{2}}}} \qquad = \frac{19}{11}$$

$$C_6 = 1 + \cfrac{1}{1 + \cfrac{1}{2 + \cfrac{1}{1 + \cfrac{1}{2 + \cfrac{1}{1}}}}} \qquad = \frac{26}{15}$$

······

我们继续坚持计算下去,希望从中发现什么规律:

$$\frac{1}{1}, \quad \frac{2}{1}, \quad \frac{5}{3}, \quad \frac{7}{4}, \quad \frac{19}{11}, \quad \frac{26}{15}, \quad \frac{71}{41}, \quad \frac{97}{56}, \cdots$$

好像看不出来? 这不奇怪,因为规律不明显。但是,我们换

个角度思考:既然我们认为这些分数 $\dfrac{a_n}{b_n}$ 应该会越来越接近

$\sqrt{3}$,我们何不计算一下它们的平方与 3 的差距? 这样一来,

我们就有所发现了,代入以上几个分数计算所得的 $\left(\dfrac{a_n}{b_n}\right)^2 - 3$

分别为：

$$-\frac{2}{1},+\frac{1}{1},-\frac{2}{9},+\frac{1}{16},-\frac{2}{121},+\frac{1}{225},-\frac{2}{1\ 681},+\frac{1}{3\ 136}$$

这些分数中，正负符号交替出现，分子的值交替出现 2 与 1，而分母则是原来分数分母的平方。因此，如果我们实施"去分母"运算，我们将得到：

$$a_{2k}^2-3b_{2k}^2=-2,$$

以及

$$a_{2k-1}^2-3b_{2k-1}^2=1。$$

如果这两个由观察而总结的式子总是正确的话，那么我们就从$\sqrt{3}$的连分数展开式出发，找出了两个丢番图方程的所有解！那么，我们的式子到底对不对呢？答案确实是对的！

事实上，从$\sqrt{3}$的连分数展开式我们不难得到这样的递推关系：

$$\frac{a_{n+2}}{b_{n+2}}=1+\cfrac{1}{1+\cfrac{1}{1+\cfrac{a_n}{b_n}}}。$$

这个等式通分后变成

$$\frac{a_{n+2}}{b_{n+2}} = \frac{2a_n + 3b_n}{a_n + 2b_n},$$

这个递推关系是不是似曾相识？确实是，它与我们在第 5 章讨论的递推公式很相似！在第 5 章我们指出，$a_n^2 - 3b_n^2 = 1$ 的最小解组是 $a_0 = 2, b_0 = 1$，而其他解组可以由递推关系

$$a_{n+1} = 2a_n + 3b_n, \quad b_{n+1} = a_n + 2b_n$$

来确定。因此，我们得到这样的结果：$\sqrt{3}$ 的渐进连分数序列交叉出现两个相关的丢番图方程的解，两个方程的第一组解不同，但递推公式相同。

　　与 $\sqrt{3}$ 相比，$\sqrt{2}$ 的连分数展开式要简单些，具体的推算和分析留给读者自己完成，我们仅在这里指出：$\sqrt{2}$ 的连分数展开式是

$$\sqrt{2} = 1 + \cfrac{1}{2 + \cfrac{1}{2 + \cfrac{1}{2 + \cfrac{1}{2 + \cdots}}}}$$

它的渐进连分数数列也对应着一对丢番图方程：

$$x^2 - 2y^2 = \pm 1。$$

我们下面来讨论一般非完全平方数平方根的连分数。我们用 D 表示一个非完全平方数，因此我们考虑的是 $\sqrt{D}$ 的连分数展开式。首先，我们考虑一种特殊的情形，即考虑

$$D = n^2 + 1$$

时的情形。此时，

$$\sqrt{D} - n = \frac{(\sqrt{D} - n)(\sqrt{D} + n)}{\sqrt{D} + n} = \frac{1}{\sqrt{D} + n} = \frac{1}{2n + (\sqrt{D} - n)}$$

不断迭代下去，我们得到：

$$\sqrt{D} - n = \cfrac{1}{2n + \cfrac{1}{2n + (\sqrt{D} - n)}} = \cfrac{1}{2n + \cfrac{1}{2n + \cfrac{1}{2n + \cdots}}}$$

因此，我们得到：

$$\sqrt{D} = n + (\sqrt{D} - n) = n + \cfrac{1}{2n + \cfrac{1}{2n + \cfrac{1}{2n + \cdots}}}$$

与 $D = n^2 + 1$ 情形略有些相似地，包括 $D = n^2 + 2$，$D = n^2 - 1$ 在内的多个情形，其连分数展开式也不难得到。到底有哪些特殊情形？这个问题留给读者去探讨，我们其中的三个结果：

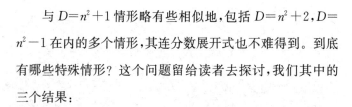

$$\sqrt{n^2+2} = n + \cfrac{1}{n + \cfrac{1}{2n + \cfrac{1}{n + \cfrac{1}{2n + \cfrac{1}{n + \cdots}}}}},$$

$$\sqrt{n^2+n} = n + \cfrac{1}{2 + \cfrac{1}{2n + \cfrac{1}{2 + \cfrac{1}{2n + \cfrac{1}{2 + \cdots}}}}},$$

$$\sqrt{n^2+2n} = n + \cfrac{1}{1 + \cfrac{1}{2n + \cfrac{1}{1 + \cfrac{1}{2n + \cfrac{1}{1 + \cdots}}}}}。$$

现在，我们来介绍计算一般 $\sqrt{D}$ 连分数展开的具体步骤。记 N_0 为 $\sqrt{D}$ 的整数部分，则

$$\sqrt{D} = N_0 + R_0,$$

其中 $R_0 = \sqrt{D} - N_0$，是一个大于 0 而小于 1 的无理数。记

$$M_0 = N_0, \quad L_0 = 1,$$

由以下三个递推公式

(1) $L_{k+1} = \dfrac{D - M_k^2}{L_k}$，

(2) $N_{k+1} = floor\left(\dfrac{\sqrt{D} + M_k}{L_{k+1}}\right)$，

(3) $M_{k+1} = L_{k+1} \cdot N_{k+1} - M_k$，

我们依次计算 $L_{k+1}, N_{k+1}, M_{k+1}$，则 $\sqrt{D}$ 的连分数展开式为：

$$\sqrt{D} = N_0 + \cfrac{1}{N_1 + \cfrac{1}{N_2 + \cfrac{1}{N_3 + \cdots}}}。$$

在(2)式中，我们采用 $floor(x)$ 表示不超过 x 的最大整数，举个例子，由于 $\sqrt{10} = 3.16\cdots$，所以 $floor(\sqrt{10}) = 3$。

　　以上递推公式不难用数学归纳法来证明。很重要的一点是：对自然数的平方根而言，这个计算在有限步骤内就会重复。也就是说，对一般的 $\sqrt{D}$，我们不需要无穷无尽地计算下去，若干步骤之后它就循环了。

对上面这个递推公式,我们来看一个具体的算例,我们来计算 $\sqrt{13}$ 的连分数展开:

$$M_0 = 3, \; L_0 = 1,$$

由递推公式

$$L_1 = \frac{D - M_0^2}{L_0} = \frac{13 - 3^2}{1} = 4,$$

$$N_1 = floor\left(\frac{\sqrt{D} + M_0}{L_1}\right) = floor\left(\frac{\sqrt{13} + 3}{4}\right) = 1,$$

$$M_1 = L_1 \cdot N_1 - M_0 = 4 \cdot 1 - 3 = 1。$$

依次计算,得到:

$$L_2 = 3, N_2 = 1, M_2 = 2;$$

$$L_3 = 3, N_3 = 1, M_3 = 1;$$

$$L_4 = 4, N_4 = 1, M_4 = 3;$$

$$L_5 = 1, N_5 = 6, M_5 = 3;$$

$$L_6 = 4, N_6 = 1, M_6 = 1。$$

由于 $k = 6$ 时的 L_k, N_k, M_k 重复了 $k = 1$ 时的数值,我们已经到达了连分数的循环节,$\sqrt{13}$ 的连分数形式即为:

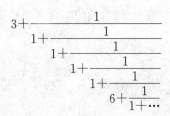

现在我们可以回答第 2 章的这个问题：什么样的完全平方数同时又是三角形数？当时我们发现三角形数是形如 $(n^2+n)/2$ 的数，然后提出这样一个问题：它们什么时候会是完全平方呢？

要求一个三角形数等于一个自然数的完全平方，那便是求丢番图方程

$$\frac{n^2+n}{2}=m^2$$

的解。将方程两边同时乘以 8，然后再同时加上 1，则有

$$4n^2+4n+1=8m^2+1,$$

也就是说，

$$(2n+1)^2 = 2\,(2m)^2 + 1。$$

这个方程我们有办法求解，因为我们只要求出丢番图方程

$$x^2 - 2y^2 = 1$$

的整数解，然后从中找出 y 值为偶数时的解组就可以了。
这个时候，我们得到 $x = 2n+1, y = 2m$。计算几项就会发
现，这些解组似乎是恰好在 $\sqrt{2}$ 连分数展开式的渐进分数序
列中交替出现。我们知道

$$\sqrt{2} = 1 + \cfrac{1}{2 + \cfrac{1}{2 + \cfrac{1}{2 + \cdots}}} = 1 + \cfrac{1}{2 + \cfrac{1}{1 + \left[1 + \cfrac{1}{2 + \cfrac{1}{2 + \cdots}}\right]}},$$

与前文关于 $\sqrt{3}$ 的分析相似地，如果 $\sqrt{2}$ 的渐进连分数写
成分数形式为 $\dfrac{a_n}{b_n}$ 的话，那么上述等式告诉我们，这些分数之
间有如下递推关系：

$$\frac{a_{n+2}}{b_{n+2}} = 1 + \cfrac{1}{2 + \cfrac{1}{1 + \cfrac{a_n}{b_n}}},$$

这等于说，

$$\frac{a_{n+2}}{b_{n+2}} = \frac{3a_n + 4b_n}{2a_n + 3b_n}。$$

从上述关系式出发很容易证明：如果 a_n 是奇数而 b_n 是偶数，则 a_{n+2} 是奇数而 b_{n+2} 是偶数。不仅如此，我们还发现，

$$\left(\frac{a_{n+2}}{b_{n+2}}\right)^2 - 2 = \left(\frac{3a_n + 4b_n}{2a_n + 3b_n}\right)^2 - 2$$

$$= \left(\frac{a_n^2}{b_n^2} - 2\right)\frac{b_n^2}{(2a_n + 3b_n)^2}$$

因此，从 $a_1 = 3, b_1 = 2$ 出发，我们得到的所有 $\frac{a_{2k+1}}{b_{2k+1}}$ 都大于 $\sqrt{2}$，并且其中的 b_{2k+1} 都是偶数，所以它们都对应着同时是完全平方数的三角数。回顾前文，这等于说，从上述关于 a_{2k+1} 和 b_{2k+1} 的递推公式计算出来的每一个 b_{2k+1}，它的一半的平方都是三角形数。例如，$b_7 = 408$，它一半的平方是一个三角数：$\frac{288^2 + 288}{2} = 204^2$。

其实,从 $\sqrt{2}$ 的连分数表达式我们可以更简单地递推关系式,因为,从

$$\sqrt{2}=1+\cfrac{1}{2+\cfrac{1}{2+\cfrac{1}{2+\cdots}}}=1+\cfrac{1}{1+\left[1+\cfrac{1}{2+\cfrac{1}{2+\cdots}}\right]}$$

可以得到

$$\frac{a_{n+1}}{b_{n+1}}=1+\cfrac{1}{1+\cfrac{a_n}{b_n}}=\frac{a_n+2b_n}{a_n+b_n},$$

然而,

$$\left(\frac{a_{n+1}}{b_{n+1}}\right)^2-2=\left(\frac{a_n+2b_n}{a_n+b_n}\right)^2-2$$

$$=-\left(\frac{a_n^2}{b_n^2}-2\right)\frac{b_n^2}{(a_n+b_n)^2},$$

因此,$\sqrt{2}$ 的渐进分数 $\dfrac{a_n}{b_n}$ 确实是大于 $\sqrt{2}$ 和小于 $\sqrt{2}$ 交替出现。

我们不难证明,渐进分数列之偶子列对应的 a_{2k} 和 b_{2k} 恰好常满足丢番图方程 $x^2-2y^2=-1$。事实上,这两个子列给出了相应两个丢番图方程的全部解。

从上文我们看到,$\sqrt{2}$ 的连分数给出了两个丢番图方程

$$x^2-2y^2=1,$$
$$x^2-2y^2=-1$$

的解,然而,$\sqrt{3}$ 的连分数相对应的丢番图方程却是

$$x^2-3y^2=1,$$
$$x^2-3y^2=-2。$$

那么,$x^2-3y^2=-1$ 和 $x^2-3y^2=2$ 的解从哪里来?读到这里提出这个问题确实是恰逢其时。我们其实在第 6 章讨论过,$x^2-3y^2=2$ 是没有(正整数)解的,它甚至连有理数解也没有。同样地,$x^2-3y^2=-1$ 也没有解。

刚刚我们看到,形如 $x^2-Ny^2=\pm1$ 的丢番图方程,有

的有解有的却没有解。对正整数 N,形如

$$x^2 - Ny^2 = 1$$

的方程称为佩尔方程。关于佩尔方程有这样的结论:

当 N 不为完全平方数时,佩尔方程有正整数解组。

但是,形如

$$x^2 - Ny^2 = -1$$

的方程当 $N=2$ 时有解,而当 $N=3$ 时却没有。这类方程对什么样的 N 有解是一个长而有趣的故事,我们不能在此完整介绍。但是,我们不能被 $N=2$ 和 $N=3$ 时的简单情形所误导,对有些不那么大的 N,相应的连分数与丢番图方程都可能相当复杂。

这种复杂性可以以 $\sqrt{13}$ 作例子来说明。前面我们求出了 $\sqrt{13}$ 的连分数展开,它的连分数分母的循环周期是 5,这已经并不简单了,而相关的丢番图方程问题则更加繁复——$\sqrt{13}$ 的连分数展开式逐步计算,我们可以得到渐进

分数 $\dfrac{a_n}{b_n}$ 的递推关系式：

$$\begin{cases} a_{n+1}=18a_n+65b_n \\ b_{n+1}=5a_n+18b_n \end{cases}。$$

按照正负交替的规律，为了求解相应的丢番图方程，我们需要求 a_{n+2} 和 b_{n+2} 关于 a_n,b_n 的递推公式，因此，我们从上面的两个递推式再迭代一次，得到：

$$\begin{cases} a_{n+2}=649a_n+2\,340b_n \\ b_{n+2}=180a_n+649b_n \end{cases}。$$

这里的系数很大，可见丢番图方程的解大概不会简单。不仅如此，我们发现它所导出的两个丢番图方程不是佩尔方程，而是如下的丢番图方程

$$x^2-13y^2=\pm4。$$

幸好，我们知道方程

$$x^2-13y^2=1$$

的解也会满足上面所推得的递推关系，因此从非负整数解 $x=1,y=0$ 出发，我们可以得到 $x^2-13y^2=1$ 的第一组正整

数解:

$$x_1 = 649, y_1 = 180。$$

于是,我们可以用递推关系计算接着的两组解:

$$x_2 = 842\,401, y_2 = 233\,640;$$

$$x_3 = 1\,093\,435\,849, y_3 = 303\,264\,540。$$

你是不是会惊叫:怎么解的数值增长得那么快? 是的,$x^2 -$
$13y^2 = 1$ 的后一组解大约是前一组的 $1\,300$ 倍!

我们在第 7 章讨论过与 $3^2 + 4^2 = 5^2$ 相似的连续自然数
平方和等式,如果我们突发奇想,要求等式左边的项数是右
边的两倍,结果会是什么?

我们假设,等式左边的自然数从 $(k+1)$ 开始到 $(k+2m)$ 结
束,总共有 $2m$ 个;右边的自然数从 $(k+2m+1)$ 开始,而终
止于 $(k+3m)$,总共有 m 个。这就是说,

$$(k+1)^2 + \cdots + (k+2m)^2 = (k+2m+1)^2 + \cdots + (k+3m)^2。$$

化简这个等式,并从中解出 k,我们得到:

$$k = \frac{1}{6}\left[3(m-1) + \sqrt{141m^2 + 3}\,\right]。$$

这样,原来的问题就转化为这样的一个问题:什么时候 $141m^2 + 3$ 是完全平方数? 或者说,我们需要求解如下的丢番图方程:

$$n^2 - 141m^2 = 3。$$

对应着"勾三股四弦五"的等式,我们知道这个方程的一个解是:$n_0 = 12, m_0 = 1$。那么怎么求这个丢番图方程的所有解呢? 我们用连分数展开的方法,即依靠 $\sqrt{141}$ 的连分数展开的循环节来求解。

依照我们介绍过的公式计算,可以求得 $\sqrt{141}$ 整数部分为 11,循环节是:$1, 6, 1, 1, 22$。因此从对应的渐进连分数出发,我们得到:

$$n_{t+1} = 18\,049n_t + 214\,320m_t,$$

$$m_{t+1} = 1\,520n_t + 18\,049m_t,$$

$$k_{t+1} = \frac{1}{6}\left[3(m_{t+1} - 1) + n_{t+1}\right] = 3\,768n_t + 44\,744m_t + k_t。$$

344

根据已知的 $n_0 = 12, m_0 = 1$,应用上述公式可以求得:

$$n_1 = 430\,908, m_1 = 36\,289,$$

因此,

$$k_1 = 3\,768 \times 12 + 44\,744 \times 1 + 2 = 89\,962。$$

这就是说,在我们突发奇想所要求的连续自然数平方和等式中,第二个的左边是从 89 963 到 162 540 所有 $36\,289 \times 2$ 个自然数的平方和,而右边则是从 162 541 到 198 829 所有 36 289 个自然数的平方和! 用计算机验证一下,两个平方和果然相等,它们都等于 1 188 711 884 803 465。但是,这个解也太大了!

迄今为止我们大部分篇幅都在讨论二次无理数——平方根。我们前面曾指出,所有二次无理数都有周期性的连分数展开式,然而,立方根的情形则非常不同,关于它的连分数至今我们仍然知之甚少。可以说,除了我们以上关于平方根式的介绍,关于连分数的内容大多牵涉到更高深的数学。因此,本章的最后我们只介绍几个趣味性的例子。

　　大学一年级的数学课一般有一章专门讨论幂级数,在那里,反正切函数的幂级数展开是一个常规的例子,根据欧拉一个关于收敛级数与连分数关系的定理,可以得到:

$$\arctan x = x - \frac{x^3}{3} + \frac{x^5}{5} - \frac{x^7}{7} + \cdots$$

$$= \cfrac{x}{1 + \cfrac{x^2}{3 - x^2 + \cfrac{9x^2}{5 - 3x^2 + \cfrac{25x^2}{7 - 5x^2 + \cdots}}}}。$$

在 $x=1$ 的特殊情形,我们得到的左式为正切等于 1 的角,即 $\frac{\pi}{4}$,同时将 $x=1$ 代入等式右边,则我们最终获得这样一个等式:

$$\frac{\pi}{4} = \cfrac{1}{1 + \cfrac{1^2}{2 + \cfrac{3^2}{2 + \cfrac{5^2}{2 + \cdots}}}}。$$

作为超越数，π 不是任何有理系数代数方程的根，任何有理数的有限次四则运算和整数次幂的乘方开方的值都不可能等于 π。然而，它的连分数展开式却是上面这样一个很有规律的形式，这多少有点出人意料。当然，在专家眼里这个展开式并不是"简单"的，因为简单的连分数展开式的所有分子都应等于 1。将 π 写成简单连分数展开可能是可行的，事实上人们得到了关于 π 的简单连分数展开的许多渐进分数，但是这些分数的分母看起来没有什么规律可循。就 π 本身而言，它的简单连分数的整数部分是 3，而前十几个分母依次是：

7, 15, 1, 292, 1, 1, 1, 2, 1, 3, 1, 14, 2, 1, 1, 2…

就像专家们所说的那样，这些数字里面找不到什么规律，但它们与中国古人对圆周率的分数估计倒是发生了颇为有趣的联系——它的第二个和第四个渐进分数分别是著名的约率和密率：

$$3 + \frac{1}{7} = \frac{22}{7},$$

$$3 + \cfrac{1}{7 + \cfrac{1}{15 + \cfrac{1}{1}}} = 3 + \cfrac{1}{7 + \cfrac{1}{16}} = 3 + \frac{16}{113} = \frac{355}{113}.$$

在本书前面的章节里,自然对数的底数 e 由已经出现过几次,它有多种不同的定义方式。如果用收敛级数来定义,则我们可以说:

$$e=1+\frac{1}{1!}+\frac{1}{2!}+\frac{1}{3!}+\cdots$$

和 π 一样,e 是一个超越数,而不一样的是它的简单连分数展开式是有规律的:

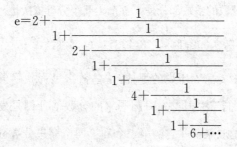

因为连分数展开的这种差别,数学家提出了一个迷人却非常困难的问题:e 是否在某种意义上比 π 要"简单"些?然而,什么叫"某种意义上"?用什么指标来衡量"简单"与"复杂"?或者说,如何用数值来表达数的"复杂度"?这些问题都没有公认标准答案。

圆周率的近似分数

圆周率 π 是一个超越数,它的连分数没有什么规律可言,但我们可以很容易地计算出其连分数前面的一些分母。除了整数部分等于 3 外,π 前十几个分母依次是:

$$7,15,1,292,1,1,1,2,1,3,1,14,2,1,1,2,$$

因此,

$$\pi = 3 + \cfrac{1}{7 + \cfrac{1}{15 + \cfrac{1}{1 + \cfrac{1}{292 + \cfrac{1}{1 + \cdots}}}}}$$

1/292 是一个很小的数,所以 π 近似地等于

$$3 + \cfrac{1}{7 + \cfrac{1}{15 + \cfrac{1}{1 + 0}}} = 3 + \cfrac{1}{7 + \cfrac{1}{16}} = 3 + \frac{16}{113} = \frac{355}{113}。$$

这,就是祖冲之的密率。一个经常被猜测的问题是:祖冲之究竟是怎么得到这个分数的?

祖冲之密率可能来源

在祖冲之之前，三国时的刘徽已经通过割圆术计算得到 3.14 和 3.141 6 两个圆周率的近似值。这两个近似值的既约分数形式分别是 $\dfrac{157}{50}$ 和 $\dfrac{3\,927}{1\,250}$，我们在这里分别称之为"小徽率"和"大徽率"。祖冲之显然知道这两个分数，并且也知道"大徽率"与圆周率非常接近，只是略大了一点点。因此，有一种猜测：祖冲之通过不定方程寻找比"大徽率"更精确的近似分数，并因此找到密率。这种算法的具体做法如下：

假设 $\dfrac{q}{p}$ 是一个比 $\dfrac{3\,927}{1\,250}$ 小而又非常接近圆周率的分数。由于这个分数比 $\dfrac{3\,927}{1\,250}$ 小，故有

$$\frac{q}{p} < \frac{3\,927}{1\,250},$$

因此

$$3\,927p - 1\,250q > 0。$$

由于"大徽率"很接近但是略大于圆周率，因此可设

$$3\,927p - 1\,250q = 1。$$

用辗转相除法,我们有:

$$3\,927 = 1\,250 \times 3 + 177,$$

$$1\,250 = 177 \times 7 + 11,$$

$$177 = 11 \times 16 + 1。$$

于是,

$$1 = 177 - 11 \times 16$$

$$= 177 - (1\,250 - 177 \times 7) \times 16$$

$$= 177 \times 113 - 1\,250 \times 16$$

$$= (3\,927 - 1\,250 \times 3) \times 113 - 1\,250 \times 16$$

$$= 3\,927 \times 113 - 1\,250 \times 355。$$

所以,q 和 p 分别等于 355 和 113。这就是说,密率为 $\dfrac{355}{113}$。

祖冲之密率可能来源之二

由于"小徼率"$\dfrac{157}{50}$小于圆周率,而"约率"$\dfrac{22}{7}$大于圆周率,因此,祖冲之可能用"插值"的方法寻找密率。也就是说,他假设 n 是一个正的整数或分数,使得分数

$$\frac{157+n \cdot 22}{50+n \cdot 7}$$

的值与圆周率非常接近。祖冲之知道圆周率非常接近 3.141 592 65，于是，他可以列出如下近似等式：

$$\frac{157+n \cdot 22}{50+n \cdot 7} \approx 3.141\ 592\ 65。$$

由这个近似等式很容易解得：

$$n \approx \frac{50 \times 3.141\ 592\ 65-157}{22-7 \times 3.141\ 592\ 65} \approx 8.996\ 548\ 59。$$

很显然，祖冲之应该取 $n=9$，这样他就求得一个圆周率的近似分数，即祖冲之的密率

$$\frac{157+9 \times 22}{50+9 \times 7}=\frac{355}{113}。$$

圆周率的一个简单近似

东汉著名学者张衡曾经根据阴阳五行等哲学理论，推出 $\pi \approx \sqrt{10}$ 的近似公式。这个结果的根据是错误的，近似程度也比当时已知的 3.14 要差，所以后来招致刘徽的严厉批评。有意思的是，π 确实有一个简单的根式近似：

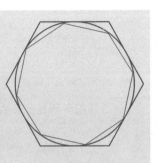

　　右图中的圆是一个单位圆(即半径等于 1 的圆),其外是一个外切正六边形,内部则是一个内接正八边形。外切正六边形由六个高等于 1 的正三角形组成。显然,这些正三角形的边长等于 $2/\sqrt{3}$,于是,外切正六边形的面积等于 $6\times\dfrac{1}{2}\times\dfrac{2}{\sqrt{3}}\times1=2\sqrt{3}$。相似地,内接正八边形由八个腰等于 1,顶角等于 45 度的等腰三角形组成。于是,它的面积等于:

$$8\times\frac{1}{2}\times1\times\sin 45°=4\times\frac{\sqrt{2}}{2}=2\sqrt{2}。$$

单位圆介于内接正六边形与外切正八边形之间,并且我们可以观察到,圆与内接正六边形的面积之差,与外切正八边形与圆的面积之差相差不远。于是,圆面积可以用内接正六边形与外切正八边形面积的平均值来近似。这就是说:

$$\pi \approx \frac{1}{2} \times (2\sqrt{3} + 2\sqrt{2}) = \sqrt{3} + \sqrt{2}。$$

$\sqrt{3} + \sqrt{2} \approx 3.146$，它并不是一个特别好的圆周率近似值，但这样简单的近似公式，不能不说是一个非常有趣的结果。

第 10 章

数列与级数

我们在前面的章节里已经多次谈到过无穷数列和无穷级数，这一章，我们将作进一步了解——先稍稍正式地说一下它们的意思，然后讲几个有意思的例子。

所谓无穷数列，通俗地说就是一列"无穷无尽"的数。换句话说，就是对无论多大的自然数 n，数列都有对应的项 a_n。如果在 n 越来越大，趋于无穷的过程中，数列的通项 a_n 无限接近于数 A，那么我们就说数列是收敛的，它的极限是 A。否则，我们就说数列是发散的。

所谓无穷级数，简单说就是一个无穷的和式：$a_1 + a_2 + \cdots + a_n + \cdots$。如果将这个和式的前 n 项和记为 S_n，则我们得到级数的部分和数列 $\{S_n\}$。如果这个部分和数列有极限 A，我们就说级数是收敛的，级数的和等于 A。如果一个级数不收敛，那么它就是发散的，因此也就没有所谓的级数和。

我们来考虑储蓄的利息问题。假设我们在银行存入 1 元钱，年利息为 a。那么很简单，到期时的本利总和等于 $1+a$。如果银行说每半年利息为 $a/2$，续存时利息计入本金，那么情况与前面所说的年利为 a 就不一样了。因为，这回如果我们存满一年，则会结息 2 次，半年时本利总和等于 $1+a/2$，到满一年的时候，本利总和就是 $(1+a/2)^2$ 了。

相似地，如果银行说每四个月（即 $1/3$ 年）的利息是 $a/3$，那么一整年的本利和就会变成 $(1+a/3)^3$。如果每季度利息为 $a/4$，一整年的本利总和相应地就会是 $(1+a/4)^4$。而如果每天的利息是 $a/365$，那么年底的本利总和就将是 $(1+a/365)^{365}$。

总之，把年利 a 分成 n 等分作为每 n 分之一年的利息，则一年结束时的本利总和等于 $(1+a/n)^n$。这就是"复利"概念的涵义。因此，我们提出一个数学问题：如果数列 $\{e_n\}$ 的通项公式是

$$e_n = \left(1 + \frac{a}{n}\right)^n,$$

那么这个数列有没有极限？如果有，极限是多少？简单起见，我们下面讨论 $e_n = \left(1 + \frac{1}{n}\right)^n$ 的情形。

首先，根据二项式展开式，我们有：

$$e_n = 1 + \frac{n}{1} \cdot \left(\frac{1}{n}\right)^1 + \frac{n \cdot (n-1)}{1 \cdot 2} \cdot \left(\frac{1}{n}\right)^2 + \cdots$$

$$+ \frac{n \cdot (n-1) \cdot \cdots \cdot 2 \cdot 1}{1 \cdot 2 \cdot \cdots \cdot (n-1) \cdot n} \cdot \left(\frac{1}{n}\right)^n,$$

即

$$e_n = 1 + \frac{1}{1!} \cdot \frac{n}{n} + \frac{1}{2!} \cdot \frac{n}{n} \cdot \frac{n-1}{n} + \cdots$$

$$+ \frac{1}{n!} \cdot \frac{n}{n} \cdot \frac{n-1}{n} \cdot \cdots \cdot \frac{2}{n} \cdot \frac{1}{n}$$

$$= 1 + \frac{1}{1!} + \frac{1}{2!} \cdot \left(1 - \frac{1}{n}\right) + \cdots + \frac{1}{n!} \cdot \left(1 - \frac{1}{n}\right) \cdot \cdots$$

$$\cdot \left(1 - \frac{n-2}{n}\right) \cdot \left(1 - \frac{n-1}{n}\right).$$

相似地，我们展开 e_{n+1}，然后去掉最后一项，就得到

$$e_{n+1} > 1 + \frac{1}{1!} + \frac{1}{2!} \cdot \left(1 - \frac{1}{n+1}\right) + \cdots + \frac{1}{n!} \cdot \left(1 - \frac{1}{n+1}\right) \cdot \cdots$$

$$\cdot \left(1 - \frac{n-2}{n+1}\right) \cdot \left(1 - \frac{n-1}{n+1}\right)$$

这很明显告诉我们这样一个事实：

$$e_{n+1} > e_n 。$$

也就是说，数列是单调增的。

其次，由以上 e_n 的表达式很容易得到：

$$e_n < 1 + \frac{1}{1!} + \frac{1}{2!} + \cdots + \frac{1}{n!}$$

$$< 1 + \frac{1}{1!} + \frac{1}{1 \times 2} + \frac{1}{2 \times 3} + \cdots + \frac{1}{(n-1) \times n},$$

不难发现，

$$\frac{1}{1 \times 2} + \frac{1}{2 \times 3} + \cdots + \frac{1}{(n-1) \times n}$$

$$= \left(1 - \frac{1}{2}\right) + \left(\frac{1}{2} - \frac{1}{3}\right) + \cdots + \left(\frac{1}{n-1} - \frac{1}{n}\right)$$

$$= 1 - \frac{1}{n},$$

这样，我们就得到第二个结论：

$$e_n < 1+1+1=3。$$

因此,数列 $\{e_n\}$ 是单调递增有上界的,它是有极限的。那么,这个极限是什么呢? 我们把这个极限记为 e,这个数在本书里已经出现过,它是一个无理数,而且与 π 一样是超越数,具体数值是 $2.718\,281\,8\cdots$。

上一章我们提到一个和等于 e 的级数:

$$e=1+\frac{1}{1!}+\frac{1}{2!}+\frac{1}{3!}+\cdots+\frac{1}{n!}+\cdots,$$

事实上,高等数学告诉我们一个更一般的结果:

$$e^a=1+\frac{a}{1!}+\frac{a^2}{2!}+\frac{a^3}{3!}+\cdots+\frac{a^n}{n!}+\cdots$$

回到利息问题,我们知道,如果年利是 a,然后将年利作 365 等分,按日计利,并且利息逐期计入本金,那么一年后的本利总和就成为 $\left(1+\dfrac{a}{365}\right)^{365}$,这个数值相当接近于 e^a。

从上述 e^a 的表达式看,如果 a 很小,那么前三项之后的 $\dfrac{a^3}{3!}+\cdots+\dfrac{a^n}{n!}+\cdots$ 部分在实际计算中就会小到可以忽略不计,但如果年利比较高,则它们的差别就会相对大一些。下

面,我们以年利为 $a=5\%$ 以及 $a=30\%$ 为例,将几种本利总和的数值列为如下表格:

本利计算公式($a=0.05$)	数值(取小数点后 7 位)
$1+a$	1.05
$\left(1+\dfrac{a}{365}\right)^{365}$	1.051 267 5
$1+\dfrac{a}{1!}+\dfrac{a^2}{2!}$	1.051 25
e^a	1.051 271 1
本利计算公式($a=0.30$)	数值(取小数点后 7 位)
$1+a$	1.3
$\left(1+\dfrac{a}{365}\right)^{365}$	1.349 692 5
$1+\dfrac{a}{1!}+\dfrac{a^2}{2!}$	1.345
e^a	1.349 858 8

上一章我们讨论了无穷连分数,在所有可能的无穷连分数展开式中,全部由 1 构成的连分数可以算是"最简单"的:

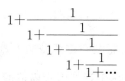

如果我们记这个连分数的值为 x,则有

$$x = 1 + \frac{1}{x},$$

因此

$$x^2 - x - 1 = 0。$$

这个一元二次方程有两个解,取它的正解,我们得到:

$$x = \frac{1 + \sqrt{5}}{2} = 1.618\cdots。$$

计算这个连分数的渐进分数,将得到如下序列:

$$\frac{1}{1}, \frac{2}{1}, \frac{3}{2}, \frac{5}{3}, \frac{8}{5}, \frac{13}{8}, \frac{21}{13}, \frac{34}{21}, \cdots$$

这个渐进分数序列的规律是很明显的,我们可以瞬间观察到,每个分数的分子都与下一个分数的分母相同。而分母的序列是:

$$1,1,2,3,5,8,13,21,34,55,89,144,233,\cdots$$

13 世纪的数学家,意大利比萨城的列昂纳多另有一个名字叫作斐波那契,这个数列就是以他的名字命名的,称为"斐波那契数列"。斐波那契数列非常著名,它不仅以前已经被深入研究,而且至今仍然是数学爱好者经常探讨的主题。

一般人们把斐波那契数列的通项记为 F_n,通项的下标则通常从零算起。也就是说,人们通常规定 $F_0=1, F_1=1$。在这两项之后,斐波那契数列其他的每一个数都等于其前两个数之和,即

$$F_n=F_{n-1}+F_{n-2}。$$

在大自然中我们不时会遇到这个数列,它在动物与植物的生长规律中经常出现。例如,一棵树以如下这种形式生长:包括主干在内的每一条老枝每过一个时段就长出一条新枝;每一条新枝在它出现的第一个时段内不生长新的分支,第二个时段开始则成为能长出新枝的老枝之一。这样的生长形式可以画成如下示意图,而该树生长经过 n 个时段后的树枝总数就等于 F_n。

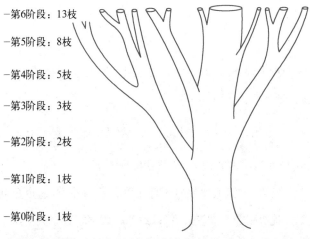

—第6阶段：13枝

—第5阶段：8枝

—第4阶段：5枝

—第3阶段：3枝

—第2阶段：2枝

—第1阶段：1枝

—第0阶段：1枝

　　斐波那契数列有大量很容易推得的性质,而更多性质的推导也只不过略有难度。最简单的性质之一是:前 $n+1$ 个斐波那契数之和等于 $F_{n+2}-1$,即:

$$F_0+F_1+\cdots+F_n=F_{n+2}-1。$$

等式的证明很简单。根据数列的递推公式,我们有:

$$F_1=F_2-F_0$$

$$F_2=F_3-F_1$$

$$F_3=F_4-F_2$$

$$\cdots\cdots$$

$$F_{n-1}=F_n-F_{n-2}$$

$$F_n = F_{n+1} - F_{n-1}$$

$$F_{n+1} = F_{n+2} - F_n$$

我们把上述等式相加,则右边经过一系列相互抵消之后,我们得到:

$$F_1 + \cdots + F_n + F_{n+1} = F_{n+2} + F_{n+1} - F_1 - F_0,$$

由 $F_1 = 1$,将右式中的 F_0 移项即证明等式。

此外,斐波那契数列还有无数有趣的性质,这个数列是如此地吸引着数学爱好者,以致苏联数学家著有关于这个数列的专著,而热心者于 1963 年成立的斐波那契协会,至今仍然是一个颇为活跃的民间团体。可以说,关于斐波那契数列的性质我们无论如何都无法做出相对完整的介绍。因此,我们下面只列举它的少数几个有趣的性质:

(1) $F_n^2 = F_{n-1}F_{n+1} + (-1)^n$。

这个以及随后的两个等式都很容易用数学归纳法来证明,因此我们对它们的证明都略而不论。

(2) $F_n = C_n^0 + C_{n-1}^1 + \cdots + C_{n-[n/2]}^{[n/2]}$。

在上述式(2)中,我们用 $[x]$ 表示不超过 x 的最大整数。因此,这个等式告诉我们,斐波那契数列的第 n 项是 $[n/2]$

+1 个二项式系数的和,这些二项式系数在杨辉三角中处在一条上升的斜线上。斐波那契数列与杨辉三角的这个关系非常地出人意料,它可以用下图表示:

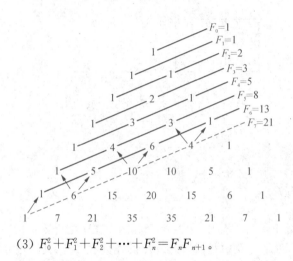

(3) $F_0^2 + F_1^2 + F_2^2 + \cdots + F_n^2 = F_n F_{n+1}$。

斐波那契数列的这个性质有一个很有趣的几何表示:我们从两个单位正方形出发,然后接上一个 2×2 的正方形,之后再接上一个 3×3 的正方形……如此不断进行下去,则我们将得到一个如右所示的图形。假如我们凑巧在接上 8×8 的正方形后停止,则我们得到一个 8×13 的矩形。图形中的面积间有如下关系:

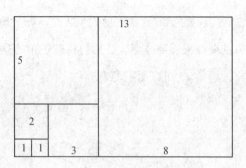

$$1^2+1^2+2^2+3^2+5^2+8^2=8\times13。$$

在上一章中我们讨论过$\sqrt{2}$的连分数展开,其渐进分数有如下递推公式:

$$\frac{a_{n+1}}{b_{n+1}}=\frac{a_n+2b_n}{a_n+b_n}。$$

因此,它的分子与分母两个数列满足如下条件:

$$\begin{cases} a_{n+1}=a_n+2b_n \\ b_{n+1}=a_n+b_n \end{cases}。$$

从后一等式可以得到：

$$b_{n+1}-b_n=a_n,$$

因此，

$$\begin{aligned}
a_{n+2}-a_{n+1}&=a_{n+1}+2b_{n+1}-(a_n+2b_n)\\
&=a_{n+1}-a_n+2(b_{n+1}-b_n)\\
&=a_{n+1}-a_n+2a_n\\
&=a_{n+1}+a_n
\end{aligned}$$

这样，我们就得到一个关于 $\sqrt{2}$ 连分数展开渐进分数的分子数列 $\{a_n\}$ 的递推公式：

$$a_{n+2}=2a_{n+1}+a_n。$$

简单计算前两个渐进分数，可知：$a_0=1,a_1=3$。至此我们发现，$\{a_n\}$ 与斐波那契数列的通项公式很相似，它们的 a_{n+2} 都等于某种 a_{n+1} 与 a_n 的简单倍数和。正因为这种相似性，两个数列的通项公式形式也很相似，求解通项公式的方法也相同。下面，我们以 $\{a_n\}$ 为例来介绍一种初等的求解通项公式的办法。

　　我们设想 $\{a_n\}$ 的递推公式 $a_{n+2}=2a_{n+1}+a_n$ 可以写成

如下形式：

$$a_{n+2} - ra_{n+1} = s(a_{n+1} - ra_n)。$$

与递推公式对比，我们得到：

$$r+s=2, rs=-1。$$

因此，r 和 s 是一元二次方程

$$x^2 - 2x - 1 = 0$$

的解。由于 r 和 s 的地位是对称的，因此我们可以得到两组解：

$$r_1 = 1+\sqrt{2}, s_1 = 1-\sqrt{2}；$$

$$r_2 = 1-\sqrt{2}, s_2 = 1+\sqrt{2}。$$

令 $u_n = a_{n+1} - r_1 a_n, v_n = a_{n+1} - r_2 a_n$，则我们得到两个等比数列：

$$u_{n+1} = s_1 u_n,$$

$$v_{n+1} = s_2 v_n。$$

计算两个数列的第一项 u_0 和 v_0，我们得到：

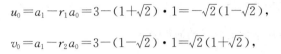

$$u_0 = a_1 - r_1 a_0 = 3 - (1+\sqrt{2}) \cdot 1 = -\sqrt{2}(1-\sqrt{2}),$$

$$v_0 = a_1 - r_2 a_0 = 3 - (1-\sqrt{2}) \cdot 1 = \sqrt{2}(1+\sqrt{2}),$$

于是，由等比数列的通项公式，就有：

$$u_n = s_1^n u_0 = -\sqrt{2} \cdot (1-\sqrt{2})^{n+1},$$

$$v_n = s_2^n v_0 = \sqrt{2} \cdot (1+\sqrt{2})^{n+1}。$$

因此，

$$v_n - u_n = \sqrt{2} \cdot \left[(1+\sqrt{2})^{n+1} + (1-\sqrt{2})^{n+1} \right]。$$

另一方面，由 u_n 和 v_n 的定义知，

$$v_n - u_n = (r_1 - r_2)a_n = 2\sqrt{2} \cdot a_n。$$

所以，我们最终得到

$$a_n = \frac{1}{2} \cdot \left[(1+\sqrt{2})^{n+1} + (1-\sqrt{2})^{n+1} \right]。$$

这样，我们就求出了 $\{a_n\}$ 的通项公式，它的值事实上等于 $(1+\sqrt{2})^{n+1}$ 的有理部分。

我们不难推导出，$\sqrt{2}$ 连分数展开之渐进分数的分母数列 $\{b_n\}$ 拥有与分子数列 $\{a_n\}$ 一样的递推公式，不同的是最

初两项的数值不同：$b_0=1, b_1=2$。因为这个不同，通过以上步骤所求得的 $\{b_n\}$ 的通项公式是：

$$b_n = \frac{1}{2\sqrt{2}} \cdot \left[\left(1+\sqrt{2}\right)^{n+1} - \left(1-\sqrt{2}\right)^{n+1} \right]。$$

正如我们前面所说的，斐波那契数列的通项公式也可以用同样的方法求得，它的具体表达式是：

$$F_n = \frac{1}{\sqrt{5}} \cdot \left[\left(\frac{1+\sqrt{5}}{2}\right)^{n+1} - \left(\frac{1-\sqrt{5}}{2}\right)^{n+1} \right]。$$

从这个斐波那契数列的通项公式很明显可以看出，数列 $\{a_n\}$ 与 $\{b_n\}$ 确实与斐波那契数列非常相似。然而，从连分数的角度看有一点非常不同：$\{a_n\}$ 与 $\{b_n\}$ 分别对应 $\sqrt{2}$ 连分数展开的分子和分母，而斐波那契数列则可以说是同时对应着 $\frac{1+\sqrt{5}}{2}$ 连分数展开的分子和分母。事实上，对这类与连分数展开相对应的数列而言，它们的很多有趣性质是同时与分子数列和分母数列相关联的，只不过因为斐波那契数列同时对应着相应的分子与分母，所以它的趣味性质中才只出现一个数列。明白了这一点，我们就会理解，$\{a_n\}$ 与 $\{b_n\}$ 的很多性质在形式上与斐波那契数列有所不同，这些

性质中往往 $\{a_n\}$ 与 $\{b_n\}$ 同时出现。然而无论如何，关于 $\{a_n\}$ 与 $\{b_n\}$ 的趣味性质同样是多不胜数，我们只能略举几个例子：

$$(1) \qquad a_{k+l+1}=a_k a_l+2b_k b_l,$$

$$(2) \qquad b_{k+l+1}=b_k a_l+a_k b_l,$$

$$(3) \qquad a_{2n+1}=a_n^2+2b_n^2,$$

$$(4) \qquad b_{2n+1}=2b_n a_n,$$

$$(5) \qquad a_{2n+1}=2\sum_{k=0}^{n}a_{2k}+1,$$

$$(6) \qquad a_{2n+2}=2\sum_{k=0}^{n}a_{2k+1}+1。$$

$$(7) \qquad b_n a_{n+1}-b_{n+1}a_n=(-1)^n。$$

斐波那契数列是用递推公式定义的，因此我们可以编写使用"递归"函数形式的计算机代码，用来计算斐波那契数列第 n 项的数值。但是，如果没有经验，写出来的代码有可能让计算机累到吐血。例如，如果我们这样写代码：

```
double 斐波(int n)
{
    If (n>1)return 斐波(n−1)＋斐波(n−2);
```

```
        else if (n==1) return 1;

        else return 0;

    }
```

那么,计算机的计算量将会是无比巨大。事实上,为了计算斐波那契数列第 n 项的数值,上述函数"斐波"调用了它自己去计算第 $n-1$ 项和第 $n-2$ 项。因此,如果我们把"斐波"计算第 n 项所用的计算量记为 $T(n)$ 的话,粗略地说,我们就有这样的关系:

$$T(n)=T(n-1)+T(n-2)。$$

这样一来,这个计算量就是一个与斐波那契数列的第 n 项相似的数。我们从斐波那契数列的通项公式知道,它是一个关于 n 的底数大约为 1.618 的指数函数,而指数函数增长是非常非常快的,如果我们用这个函数计算 $T(100)$ 的话,计算量将达到 10 的 20 次方的量级,这在一般的计算机上是几年都算不出来的!

计算机科学中有一个称为"计算复杂度"的概念,它表示的是计算机程序在输入的规模为 n 时计算量与 n 的函数关系。在编程界,计算复杂度为指数函数的情况是绝对不可接受的。因此,这个例子提醒初学编程的读者:务必注意考虑自己所编写程序的计算复杂度。它不是代码看起来是否复杂,而是运行时到底会进行多少计算。

那么,有没有好一些的算法呢? 答案是肯定的。仔细研究上述函数"斐波"的代码,我们发现:它计算 $F(n)$ 时计算了 $F(n-1)$ 和 $F(n-2)$,而计算 $F(n-1)$ 时又计算了 $F(n-2)$ 和 $F(n-3)$。因此,$F(n-2)$ 被重复计算了! 再仔细考察,我们会发现所有 $F(n-2)$ 以下的项都被重复计算,而且越后面的项被重复计算的次数越多,最后多到让计算机无法承受! 发现了问题所在,解决方法就容易找到了——我们只要存储当 n 较小时的 $F(n)$ 值,就可以避免如此海量的重复劳动了。根据这个思路,不难编写出计算量很小的代码,学习编程的读者可以自己尝试。

从我们已经介绍过的内容看来,$\dfrac{n(n+1)}{2}$ 是一个很特别的数,它是三角形数,是从 1 到 n 所有自然数的和,它的平方等于从 1 到 n 所有自然数的立方和。此外,它还是组合数 C_{n+1}^2。而在第 7 章介绍的关于连续自然数的趣味和式中,它也在两个著名的等式中露面。不仅如此,以它的倒数为通项的级数,是为数不多的几个通过初等方法可以求得和值的级数:

$$\frac{2}{1\times 2}+\frac{2}{2\times 3}+\frac{2}{3\times 4}+\cdots+\frac{2}{n\times(n+1)}+\cdots=2。$$

这个级数的求和方法很简单,我们在求数列 $e_n=\left(1+\dfrac{1}{n}\right)^n$ 极限的时候事实上已经做过。

然而,如下的级数虽然也与 $\dfrac{n(n+1)}{2}$ 有关系,却没有可以用来求和的初等办法:

$$\frac{1}{1\times 2}+\frac{1}{3\times 4}+\frac{1}{5\times 6}+\cdots+\frac{1}{(2n-1)\times 2n}+\cdots。$$

这个级数的和等于 $\ln 2$,但是我们需要具备大学数学中关于幂级数的知识,才有足够的工具来求出这个和,所以我们这里只能略而不论。

考虑级数

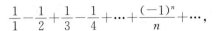

$$\frac{1}{1}-\frac{1}{2}+\frac{1}{3}-\frac{1}{4}+\cdots+\frac{(-1)^n}{n}+\cdots,$$

如果我们把它的通项依次两两配对相加,则会得到前述那个等于 $\ln 2$ 的级数。因此,这两个级数的和是相同的。但是,读者需要注意的是,这两个级数虽然和的数值相同,它们是截然不同的两个级数,绝对不能混淆!

事实上,这两个级数的通项不同,部分和数列也不同。而且,很重要的一点是:前一个级数的每一项都是正的,是一个"正项级数";而后一个的通项则正负交替出现,因而是一个"交替级数"。

如果我们考虑将后一个级数中的正项全部去掉,则留下的级数是:

$$-\frac{1}{2}-\frac{1}{4}-\frac{1}{6}-\cdots-\frac{1}{2n}-\cdots。$$

这个级数恰好是以前我们提到过"调和级数"的负 $1/2$ 倍。由于调和级数是发散的,因此这个级数也不会收敛。这就是说,级数

$$\frac{1}{1}-\frac{1}{2}+\frac{1}{3}-\frac{1}{4}+\cdots+\frac{(-1)^n}{n}+\cdots$$

中的负项组成的级数是发散的,而由于原级数是收敛的,所以它的正项构成的级数也是发散的。这样的级数很有意思——通俗地说,它的正项的"和"是"正无穷大",而负项的"和"则是"负无穷大"。因此,如果我们通过调换它的通项顺序来构造新的级数,那么我们就可能得到不同的级数和,甚至得到发散的级数!

举一个例子,我们用如下的方法来重排这个级数的通项:

(1) 先按顺序挑出正项,直到部分和超过 π 值为止;

(2) 接下来按顺序放置负项,直到部分和小于 π 值为止。

由于原级数的正项的"和"是"正无穷大",因此不断重复步骤(1)是完全没有问题的。而由于负项的"和"是"负无穷大",因此我们也总是有负项可以进行步骤(2)。因此,虽然这个方法看似是"寅吃卯粮"地使用正项,但由于正项有无穷多个,步骤(1)和(2)都可以无限地重复进行下去。那么,这样构造出来的新的级数是不是收敛的呢?答案是肯定的。它的和是多少?猜也能猜出来,级数和等于 π!

这个例子可能让读者很惊讶,但这正体现出这种无穷级数的特点——这种级数称为"条件收敛"级数,对它的通项的适当重排可以使重排后所得的级数收敛于任何指定的数值！需要指出的是，稍前提到的那个与本例级数和相同的正项级数没有这个有趣的性质，它不管如何重排，总是会得到相同的级数和。

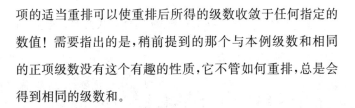

我们已经再次不加证明地提到如下等式：

$$e = 1 + \frac{1}{1!} + \frac{1}{2!} + \frac{1}{3!} + \cdots \frac{1}{n!} + \cdots,$$

现在，我们用初等的方法来证明它。

对 $e_n = \left(1 + \frac{1}{n}\right)^n$，我们已经知道，数列 $\{e_n\}$ 的极限是 e。这里我们定义一个新的数列，它的通项是：

$$h_n = \left(1 + \frac{1}{n^3}\right)^{n^3} \cdot \left(1 + \frac{1}{n}\right).$$

由于 $\left(1 + \frac{1}{n}\right)$ 的极限等于 1，而 $\left(1 + \frac{1}{n^3}\right)^{n^3}$ 是 e_{n^3}，当 n 趋于无穷时的极限等于 e。因此，数列 $\{h_n\}$ 的极限也等于 e。

将 $\left(1+\dfrac{1}{n^3}\right)^{n^3}$ 用二项式定理展开,然后我们舍去第 $n+1$ 项之后的所有项,则有:

$$\left(1+\frac{1}{n^3}\right)^{n^3} > 1+1+\frac{1}{2!}\cdot\left(1-\frac{1}{n^3}\right)+\cdots$$

$$+\frac{1}{n!}\cdot\left(1-\frac{1}{n^3}\right)\cdot\cdots\cdot\left(1-\frac{n-2}{n^3}\right)\cdot\left(1-\frac{n-1}{n^3}\right)。$$

进一步减小不等式右边的值,我们得到:

$$\left(1+\frac{1}{n^3}\right)^{n^3} > 1+1+\left(\frac{1}{2!}+\cdots+\frac{1}{n!}\right)\cdot\left(1-\frac{1}{n^3}\right)\cdot\cdots$$

$$\cdot\left(1-\frac{n-2}{n^3}\right)\cdot\left(1-\frac{n-1}{n^3}\right)。$$

用数学归纳法不难证明,如果 $\alpha_1,\alpha_2,\cdots\alpha_n$ 都是大于 0 而小于 1 的数,则成立着如下的不等式:

$$(1-\alpha_1)\cdot(1-\alpha_2)\cdot\cdots\cdot(1-\alpha_n) > 1-(\alpha_1+\alpha_2+\cdots+\alpha_n)。$$

对关于 $\left(1+\dfrac{1}{n^3}\right)^{n^3}$ 的最后那个不等式应用这个结论,我们立刻得到:

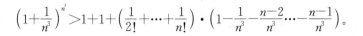

$$\left(1+\frac{1}{n^3}\right)^{n^3} > 1+1+\left(\frac{1}{2!}+\cdots+\frac{1}{n!}\right)\cdot\left(1-\frac{1}{n^3}-\frac{n-2}{n^3}\cdots-\frac{n-1}{n^3}\right)。$$

因此,我们有:

$$\left(1+\frac{1}{n^3}\right)^{n^3} > 1+1+\left(\frac{1}{2!}+\cdots+\frac{1}{n!}\right)\cdot\left(1-\frac{(n-1)n}{2n^3}\right)$$

$$> 1+1+\left(\frac{1}{2!}+\cdots+\frac{1}{n!}\right)\cdot\left(1-\frac{1}{2n}\right)$$

这样,我们很容易得到:

$$h_n > \left[1+1+\left(\frac{1}{2!}+\cdots+\frac{1}{n!}\right)\cdot\left(1-\frac{1}{2n}\right)\right]\cdot\left(1+\frac{1}{n}\right)$$

$$> 1+1+\left(\frac{1}{2!}+\cdots+\frac{1}{n!}\right)\cdot\left(1-\frac{1}{2n}\right)\cdot\left(1+\frac{1}{n}\right)$$

$$> 1+1+\left(\frac{1}{2!}+\cdots+\frac{1}{n!}\right)$$

此外,我们在讨论数列$\{e_n\}$时曾经证明:

$$e_n < 1+1+\frac{1}{2!}+\cdots+\frac{1}{n!},$$

因此,

$$e_n < 1+1+\frac{1}{2!}+\cdots+\frac{1}{n!} < h_n。$$

而由于$\{e_n\}$与$\{h_n\}$的极限都是 e,因此,当 n 趋于无穷时,和

式 $1+1+\dfrac{1}{2!}+\cdots+\dfrac{1}{n!}$ 的极限也必然是 e。也就是说,我们

终于证明:

$$1+\frac{1}{1!}+\frac{1}{2!}+\frac{1}{3!}+\cdots+\frac{1}{n!}+\cdots=e。$$

　　数学中有很多很多有意思的东西,有些是关于数字
的等式,有些是抽象的公式,有些则是解题技巧或思维方
式。我们这本小书至此就要结束了,希望我们的读者不
仅品尝到数学的趣味,学到一些数学知识,而且也学会一
些有益的思考方式。作为本章以及全书的结束,我们最
后列举一些有趣的级数,在结束前再一次让大家欣赏数
学的奇趣。

　　(1) $1-\dfrac{1}{2}+\dfrac{1}{3}-\dfrac{1}{4}+\cdots+\dfrac{(-1)^{n-1}}{n}+\cdots=\ln 2$

　　(2) $1-\dfrac{1}{3}+\dfrac{1}{5}-\dfrac{1}{7}+\cdots+\dfrac{(-1)^{n-1}}{2n-1}+\cdots=\dfrac{\pi}{4}$

(3) $1+\dfrac{1}{2^2}+\dfrac{1}{3^2}+\dfrac{1}{4^2}+\cdots+\dfrac{1}{n^2}+\cdots=\dfrac{\pi^2}{6}$

(4) $1-\dfrac{1}{2^2}+\dfrac{1}{3^2}-\dfrac{1}{4^2}+\cdots+\dfrac{(-1)^{n-1}}{n^2}+\cdots=\dfrac{\pi^2}{12}$

(5) $1+\dfrac{1}{3^2}+\dfrac{1}{5^2}+\dfrac{1}{7^2}+\cdots+\dfrac{1}{(2n-1)^2}+\cdots=\dfrac{\pi^2}{8}$

(6) $1-\dfrac{1}{3^3}+\dfrac{1}{5^3}-\dfrac{1}{7^3}+\cdots+\dfrac{(-1)^{n-1}}{(2n-1)^3}+\cdots=\dfrac{\pi^3}{32}$

(7) $1+\dfrac{1}{2^4}+\dfrac{1}{3^4}+\dfrac{1}{4^4}+\cdots+\dfrac{1}{n^4}+\cdots=\dfrac{\pi^4}{90}$

(8) $1-\dfrac{1}{2^4}+\dfrac{1}{3^4}-\dfrac{1}{4^4}+\cdots+\dfrac{(-1)^{n-1}}{n^4}+\cdots=\dfrac{7\pi^4}{720}$

(9) $\dfrac{1}{2^2-1}+\dfrac{1}{3^2-1}+\dfrac{1}{4^2-1}+\dfrac{1}{5^2-1}+\cdots$

$\qquad +\dfrac{1}{(n+1)^2-1}+\cdots=\dfrac{3}{4}$

(10) $\dfrac{1}{2^2-1}+\dfrac{1}{4^2-1}+\dfrac{1}{6^2-1}+\dfrac{1}{8^2-1}+\cdots+\dfrac{1}{(2n)^2-1}$

$\qquad +\cdots=\dfrac{1}{2}$

(11) $\dfrac{1}{1\times2}+\dfrac{1}{2\times3}+\dfrac{1}{3\times4}+\dfrac{1}{4\times5}+\cdots+\dfrac{1}{n\times(n+1)}+\cdots=1$

(12) $\dfrac{1}{1\times2\times3}+\dfrac{1}{2\times3\times4}+\dfrac{1}{3\times4\times5}+\dfrac{1}{4\times5\times6}+\cdots$

$$+ \frac{1}{n \times (n+1) \times (n+2)} + \cdots = \frac{1}{4}$$

(13) $\dfrac{1}{2} + \dfrac{1}{2^2} + \dfrac{1}{2^3} + \dfrac{1}{2^4} + \cdots + \dfrac{1}{2^n} + \cdots = 1$

(14) $\dfrac{1}{2} + \dfrac{2}{2^2} + \dfrac{3}{2^3} + \dfrac{4}{2^4} + \cdots + \dfrac{n}{2^n} + \cdots = 2$

(15) $\dfrac{1}{2} - \dfrac{2}{2^2} + \dfrac{3}{2^3} - \dfrac{4}{2^4} + \cdots + \dfrac{(-1)^{n-1} \cdot n}{2^n} + \cdots = \dfrac{2}{9}$

(16) $\dfrac{1}{2} + \dfrac{2^2}{2^2} + \dfrac{3^2}{2^3} + \dfrac{4^2}{2^4} + \cdots + \dfrac{n^2}{2^n} + \cdots = 6$

(17) $\dfrac{1}{2} - \dfrac{2^2}{2^2} + \dfrac{3^2}{2^3} - \dfrac{4^2}{2^4} + \cdots + \dfrac{(-1)^{n-1} \cdot n^2}{2^n} + \cdots = \dfrac{2}{27}$

(18) $\dfrac{1}{3} + \dfrac{2}{3^2} + \dfrac{3}{3^3} + \dfrac{4}{3^4} + \cdots + \dfrac{n}{3^n} + \cdots = \dfrac{3}{4}$

泰勒级数

无穷级数就是一个无穷和式 $a_0 + a_1 + a_2 + \cdots a_n + \cdots$。如果它的通项为 a_n 是数值,那么它就是一个"数项级数"。例如,$1 + \dfrac{1}{1!} + \dfrac{1}{2!} + \cdots \dfrac{1}{n!} + \cdots$ 就是一个数项级数。如果级数的通项 a_n 是自变量 x 的函数,那么这个级数就是一个"函数项级数"。对每一个自变量 x 的取值,函数项级数对应一个数项级数。因此,这些数项级数收敛的地方,函数项级数就收敛于一个函数。

通项为 $a_n = c_n x^n$ 的函数项级数是很特别的,它们称为"幂级数"。幂级数中最重要而有趣的是"泰勒级数",我们下面列举常见的几个:

(1) $1 + \dfrac{1}{1!}x + \dfrac{1}{2!}x^2 + \cdots \dfrac{1}{n!}x^n + \cdots = e^x$,对所有 x 成立。

(2) $\dfrac{1}{1!}x - \dfrac{1}{3!}x^3 + \dfrac{1}{5!}x^5 - \dfrac{1}{7!}x^7 \cdots + \dfrac{(-1)^n}{(2n+1)!}x^{2n+1}$
$+ \cdots = \sin x$,对所有 x 成立。

(3) $1 - \dfrac{1}{2!}x^2 + \dfrac{1}{4!}x^4 - \dfrac{1}{6!}x^6 \cdots + \dfrac{(-1)^n}{(2n)!}x^{2n} + \cdots$
$= \cos x$,对所有 x 成立。

(4) $x - \dfrac{1}{2}x^2 + \dfrac{1}{3}x^3 \cdots + \dfrac{(-1)^{n+1}}{n}x^n + \cdots$
$= \ln(1+x)$,对所有 $-1 < x \leqslant 1$ 成立。

(5) $1 + x + x^2 + x^3 \cdots + x^n + \cdots = \dfrac{1}{1-x}$,对所有 $-1 < x < 1$ 成立。

(6) $1 + 2x + 3x^2 + 4x^3 \cdots + nx^{n-1} + \cdots = \dfrac{1}{(1-x)^2}$,对

所有 $-1 < x < 1$ 成立。

(7) $1 + \dfrac{1}{2}x - \dfrac{1}{8}x^2 + \dfrac{1}{16}x^3 - \dfrac{5}{128}x^4 + \cdots +$

$\dfrac{(-1)^n 1 \times 3 \times 5 \times \cdots \times (2n-3)}{2^n \times n!}x^n + \cdots = \sqrt{1+x}$，对所有

$-1 < x < 1$ 成立。

(8) $x - \dfrac{1}{3}x^3 + \dfrac{1}{5}x^5 \cdots + \dfrac{(-1)^n}{2n+1}x^{2n+1} + \cdots = \arctan x$，

对所有 $-1 \leqslant x \leqslant 1$ 成立。

泰勒级数的两种用途

泰勒级数是非常重要的数学工具，这里我们来介绍它们的两种用途：一是求数项级数的和，二是用作近似计算。

第一种用途的例子是我们本章最后所列级数中的(1)、(2)、(13)、(14)、(15)、(18)，它们可以从上述的(1)、(8)、(5)、(6)等公式得到。

对于第二种用途，我们可以举两个例子。首先以 $\sin x$ 为例。对于比较小的 x，我们可以用 $\sin x \approx x - \dfrac{1}{6}x^3$

$+\dfrac{1}{120}x^5$ 进行近似计算。例如，对 $x = \dfrac{\pi}{10}$，我们有

$$\sin \frac{\pi}{10} \approx \frac{\pi}{10} - \frac{1}{6}\left(\frac{\pi}{10}\right)^3 + \frac{1}{120}\left(\frac{\pi}{10}\right)^5 \approx 0.309\ 017\ 05\cdots.$$

$\sin \dfrac{\pi}{10} = 0.309\ 016\ 99\cdots$，可见这个近似公式的精确度相当高。

根据上列第(7)式，对于小的 x，我们可以用 $\sqrt{1+x}$ $\approx 1 + \dfrac{1}{2}x - \dfrac{1}{8}x^2$ 作平方根的近似计算。比方说，我们想近似地计算 $\sqrt{10}$。那么，我们可以把 $\sqrt{10}$ 写成 $\sqrt{10}$ $= \sqrt{9+1} = 3 \times \sqrt{1+1/9}$。这时，采用近似式 $\sqrt{1+1/9}$ $\approx 1 + \dfrac{1}{2} \times \dfrac{1}{9} - \dfrac{1}{8}\left(\dfrac{1}{9}\right)^2 \approx 1.054\ 0$，我们就得到 $\sqrt{10} \approx 3$ $\times 1.054\ 0 = 3.162\ 0$。

傅立叶级数

函数项级数中，如果第 n 项是形如 $a_n \cos \dfrac{n\pi x}{L} +$ $b_n \sin \dfrac{n\pi x}{L}$ 的函数，则这种级数就称为傅立叶级数。傅立叶级数在数学、物理学与工程学中都非常重要，我们这里举一个例子：$f(x) = \dfrac{4}{\pi}\left[\sin x + \dfrac{1}{3}\sin 3x + \dfrac{1}{5}\sin 5x + \cdots\right.$

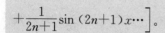
$$+\frac{1}{2n+1}\sin{(2n+1)}x\cdots\Big]。$$

这是一个周期等于 2π 的函数,其图形如下:

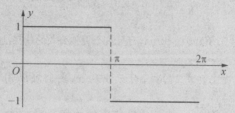

换句话说,就是:

$$\frac{4}{\pi}\Big[\sin x+\frac{1}{3}\sin 3x+\frac{1}{5}\sin 5x+\cdots+\frac{1}{2n+1}\sin{(2n+1)}x\cdots\Big]$$

$$=\begin{cases} 1, & 2k\pi<x<(2k+1)\pi \\ -1, & (2k-1)\pi<x<2k\pi \end{cases}$$

π 级数

将 $x=\pi/2$ 代入上述级数,我们得到:

$$\frac{4}{\pi}\Big[1-\frac{1}{3}+\frac{1}{5}\cdots+\frac{(-1)^{n}}{2n+1}+\cdots\Big]=1,$$

即

$$1-\frac{1}{3}+\frac{1}{5}\cdots+\frac{(-1)^n}{2n+1}+\cdots=\frac{\pi}{4}。$$

这就是本章正文最后部分的第(2)个级数。

很显然,这种级数可以用来求 π 的近似值。但是,这个级数的"尾部"的数量级是 $\frac{1}{2n+1}$,它不能快速地得到 π 的高精度近似值。

为了快速求得 π 的高精度近似,数学家们发掘出很多关于 π 的级数。这些数学家中,100 年前印度的拉玛努金是历史上最著名的,而南京大学的孙智伟教授则在近年来取得更为惊人的成果。以下两个公式中,第一个是拉玛努金发现的,而第二个则是孙智伟教授的杰作:

(1) $\dfrac{4}{\pi}=1+\dfrac{7}{4}\times\left(\dfrac{1}{2}\right)^3+\dfrac{13}{4^2}\times\left(\dfrac{1\times3}{2\times4}\right)^3+\dfrac{19}{4^3}$

$\times\left(\dfrac{1\times3\times5}{2\times4\times6}\right)^3+\cdots,$

(2) $\dfrac{\pi^2}{2}=\dfrac{2\times16^1}{1^3\times[b(2,1)]^3}+\dfrac{5\times16^2}{2^3\times[b(4,2)]^3}+\cdots$

$+\dfrac{(3n-1)\times16^n}{n^3\times[b(2n,n)]^3}+\cdots,$

其中,$b(2n,n)=\dfrac{(n+1)\times(n+2)\cdots\times(2n)}{1\times2\times\cdots\times n}$。

更多的连续自然和等式

在第七章我们列出了几组有趣的自然数连续和等式,但那只是这类趣味等式的冰山一角。事实上,这类等式有无穷多组,我们下面再举两个例子。

对任何自然数 s,从 $3s^2-1$ 到 $3s^2+3s+1$ 这 $(3s+3)$ 个连续自然数的和,等于从 $3s^2+3s+2$ 到 $3s^2+6s+1$ 这 $3s$ 个连续自然数的和。换句话说,我们可以列出如下趣味等式:

$$2+3+\cdots+7=8+9+10,$$

$$11+12+13+\cdots+19=20+21+\cdots+25,$$

$$26+27+28+\cdots+36+37=38+39+\cdots+45+46,$$

$$47+48+49+\cdots+60+61=62+63+\cdots+72+73,$$

$$\cdots\cdots$$

对任何自然数 n,从 $10n^2+10n-2$ 到 $10n^2+20n+12$ 这 $(10n+15)$ 个连续自然数的和,等于从 $10n^2+20n+13$ 到 $10n^2+30n+17$ 这 $(10n+5)$ 个连续自然数的和。换句话说,我们可以列出如下趣味等式:

$$18+19+\cdots+42=43+44+\cdots+57,$$

$$58+59+60+\cdots+92=93+94+\cdots+116+117,$$

$$118+119+120+\cdots161+162=163+164+\cdots196+197,$$

$$\cdots\cdots$$

连续自然和等式的一般公式

连续自然和等式的一般公式有两类，它们的推导并不是非常困难，我们在这里给出其中的一类：

对奇数 w，q，令 $u=q\cdot w^{2}$，$m=q\cdot w\cdot s$，取 $k=q\cdot s^{2}-\dfrac{q\cdot w^{2}-1}{2}$，则从 k 开始 $(m+u)$ 个连续自然数的和，等于从 $(k+m+u)$ 开始 m 个连续自然数的和。

"彩蛋" 留给你的 10 个问题

1. 右边这个金字塔形状的图案有四层,从上到下每层依次有 1、2、3、4 个格子。它的每个格子里原来都有一个数字,底层之外的每一层中,每个格子里的数字都等于它下方两个格子里的数字之和。现在,图案里有些数字不见了,聪明的你能把它们找回来吗?

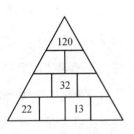

2. 在一个卖散装生啤的小店里,店家只有容量分别为 500 毫升和 700 毫升的两个量器,但他却可以量出任何 100 毫升的倍数,请问,你知道这是怎么做到的吗?

3. 如果你有一个重一克和一个重三克的砝码,那么,只要把物品和一克的砝码放在天平的一边,把三克的砝码放在天平的另一边,就可以称出重量为 2 克的物体。现在,请设计一套重量不同的四个砝码,使得仅仅这四个砝码和使用一架天平,就可以称出从 1 克到 80 克之间所有整数克的重量。

4.(1)有一个正整数,它的三次方和四次方总共有十个数码,并且从 0 到 9 每个数码恰好出现一次,请问这个数是多少?(2)有一个正整数,它的平方和三次方总共有十个数码,并且从 0 到 9 每个数码恰好出现一次,请问这个数是多少?

5. 在五十年前的福州,桃子的价格是三分钱一个,李子的价格是四分钱一个,橄榄一分钱可以买到七个。假如你穿越回去,用一元钱买到了一百个这三种果品,请问你买到的桃子、李子、橄榄各是多少个?

6. 我们介绍过本原勾股数的公式,你能不能应用这个公式,证明任何一组本原勾股数的乘积都是 60 的倍数?

7. 设 $\{F_n \mid n=0,1,\cdots\}$ 是本书最后一章介绍过的斐波那契数列,试求数列 $\{F_{n+1}/F_n \mid n=0,1,\cdots\}$ 的极限,并将这个极限写成连分数。

8. 对斐波那契数列 $\{F_n \mid n=0,1,\cdots\}$,试证明:
$$F_0^2 + F_1^2 + F_2^2 + \cdots + F_n^2 = F_n \times F_{n+1}$$